DIESES COOLE

MATHE ÜBUNGS HEFT

Schreibe deinen Namen.

GEHÖRT: ______________________________

KLASSE: ______________ MEIN ALTER: ______________

MEINE HOBBIES: ______________________________

MEINE LIEBLINGSFARBE: ______________________________

ICH ALS LAMA:

Male dich als Lama!

MEINE LIEBLINGSZAHLEN:

SCHULE FINDE ICH:

Kreise ein.

1 LOS GEHT'S! · 2 · 3 · 4 · 5 · 6
7 · 8 · 9 · 10 · 11 · 12
13 · 14 · 15 · 16 · 17 · 18 NICHT SCHLECHT!
19 · 20 · 21 · 22 · 23 · 24

HEY DU!

Willkommen im Lama-Club. Cool, dass du mit mir Mathe übst!

Für jede Seite, die du in diesem Heft bearbeitest, darfst du einen Lama-Kreis anmalen. Am Ende kannst du so deinen Lama-Level und damit auch deine Pupskraft berechnen.

Pupskraft??? Richtig gehört! Sei gespannt und rechne, was das Zeug hält! Viel Spaß dabei.

Dein COOLLAMA®

25 · 26 WEITER SO! · 27 · 28 · 29 · 30 · 31 · 32 · 33 · 34
35 · 36 · 37 · 38 · 39 · 40 COOLE SACHE! · 41 · 42 · 43 · 44
45 · 46 · 47 MEGA! · 48 · 49 · 50 · 51 · 52 · 53 · 54
55 · 56 · 57 · 58 · 59 · 60 · 61 WOW!

Deinen Lama-Level erfährst du auf Seite 64.

WAS PASST?

Das hat so geklappt …
Kreise ein.

Immer 3 passen zusammen. Verbinde.

6

4

5

3

AUF DER KOPPEL

1. Male die passende Anzahl Köttel.

2

4

3

6

5

0

2. Welche Zahl wird gezeigt? Kreise ein.

2 3 4

3 5 4

1 3 2

5 6 3

2 3 4

4 6 5

Das Ergebnis ist immer 4. Fülle die Lücken.

Teile selbst auf.

Male die Buchstaben in deiner Lieblingsfarbe an:

VIER

Für digitalen Rechenspaß rund um die Zahl 4 gehe zu: www.coollama.de/zahl4

4 =
2 + 2
___ + 2
1 + ___
3 + ___
4 + ___
___ + 4

4 =  = 2 + 1 + 1

4 = 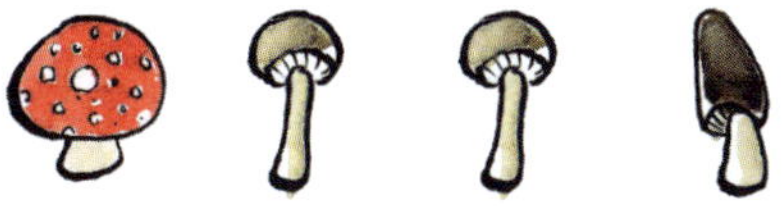 = 1 + 2 + ___

4 = 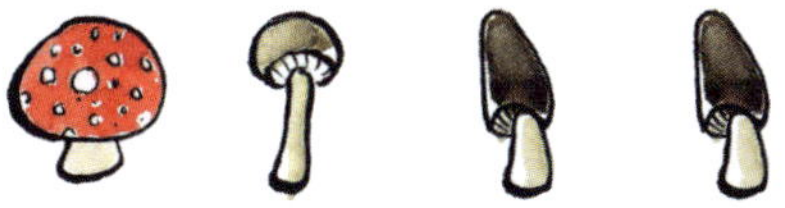 = 1 + 1 + ___

4 =  = 1 + 1 + 1 + ___

Das Ergebnis ist immer 5. Fülle die Lücken.

Teile selbst auf.

Male die Buchstaben in deiner Lieblingsfarbe an:

FÜNF

Für digitalen Rechenspaß rund um die Zahl 5 gehe zu: www.coollama.de/zahl5

5 =
4 + ___
1 + ___
___ + 3
___ + 2
5 + ___
0 + ___

5 =  = 2 + 2 + ___

5 =  = 1 + 2 + ___

5 =  = 2 + 1 + ___

5 =  = 3 + 1 + ___

5 =  = 1 + 1 + 1 + ___ + ___

Hilf den Lamas bei ihren Hausaufgaben.

3 = ●●● 2 + 1

3 = ●●● 1 + __

3 = ●●● __ + __ + __

4 = ●●●● __ + __

4 = ●●●● __ + __ + __

4 = ●●●● __ + __ + __

4 = ●●●● __ + __ + __ + __

5 = ●●●●● __ + __

5 = ●●●●● __ + __ + __

5 = ●●●●● __ + __ + __ + __

5 = ●●●●● __ + __ + __ + __ + __

Das Ergebnis ist immer 6. Fülle die Lücken.

Teile selbst auf.

Male die Buchstaben in deiner Lieblingsfarbe an:

SECHS

Für digitalen Rechenspaß rund um die Zahl 6 gehe zu: www.coollama.de/zahl6

6 = 5 + ___
1 + ___
___ + 3
___ + 4
___ + 2
0 + ___

6 = 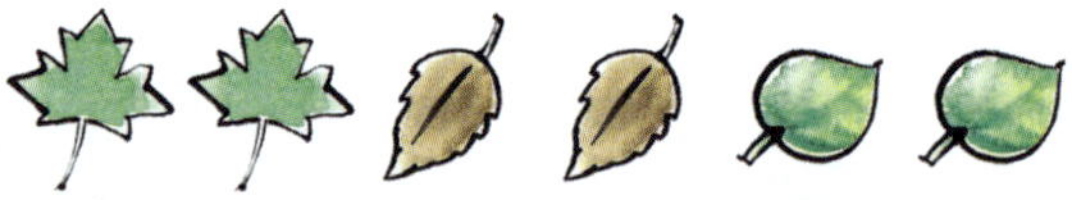 = 2 + 2 + ___

6 =  = 3 + 1 + ___

6 =  = 1 + 1 + ___

6 =  = 3 + 1 + ___ + ___

6 =  = 2 + 1 + ___ + ___

COOLER RECHENTRICK

1 + 4 = 5

4 + 1 = 5

Die Zahlen werden getauscht, das Ergebnis bleibt gleich!

1. Rechne mit dem Tauschtrick.

4	4	5	5	6	6
● ●●●	●●● ●				
1 + 3	3 + 1	2 + 3	__ + __	4 + 2	__ + __

2. Und nochmal.

1 + 5 = 6	3 + 2 = ☐	4 + 1 = ☐	2 + 2 = ☐
5 + __ = ☐	__ + __ = ☐	__ + __ = ☐	__ + __ = ☐

3. Verbinde Aufgabe und Tauschaufgabe. Löse dann beide.

1 + 5 = ☐	4 + 2 = ☐
2 + 4 = ☐	1 + 2 = ☐
2 + 1 = ☐	5 + 1 = ☐

1. Fülle die Lücken.

6

5 + 1
1 + _
4 + _
_ + 4
2 + 2 + _
3 + 1 + _
1 + 1 + _

5

3 + _
2 + _
_ + 1
_ + 4
2 + 2 + _
3 + 1 + _
4 + 1 + _

2

1 + _
2 + _
_ + 2

4

1 + _
3 + _
_ + 2
2 + 1 + _
1 + 1 + _

3

1 + _
_ + 1
1 + 1 + _
2 + 1 + _

2. Rechne.

4 + 1 = ▢ 1 + 4 = ▢	2 + 3 = ▢ 3 + 2 = ▢	1 + 3 = ▢ 3 + 1 = ▢
2 + 4 = ▢ 4 + 2 = ▢	5 + 1 = ▢ 1 + 5 = ▢	6 + 0 = ▢ 0 + 6 = ▢

1. Die Lamas haben sich Rechentabellen ausgedacht. Löse sie.

Addiere die blauen und die roten Zahlen im Kopf, so wie du es hier siehst.

+	1	2
3	3+1	3+2
4	4+1	4+2

+	1	2
3	4	5
4	5	6

Trage dann die Ergebnisse ein.

+	1	1
2	3	3
2		

+	2	2
2	4	
2		4

+	2	4
2		
1	3	

+	1	3
3		6
2		

+	1	5
1		
0		

+	3	3
3		
3		

+	2	1
4		
3		

+	4	2
1		
2		

2. Erfinde deine eigenen Rechentabellen.

+		

+		

+		

+		

LAMA-LABYRINTH

Die ersten sechs Zahlen sind geschafft! Jetzt erstmal etwas Süßes. Findest du den Weg durch das Lama-Labyrinth?

Gaudi, das Spaß-Lama der Truppe und zuständig für lustige Projekte

Los geht's!

1. Das Ergebnis ist immer 7. Fülle die Lücken.

7		7		7		7	
5	2		3	1		2	

7		7		7		7	
0		6			4		

Teile selbst auf.

3 + ___
4 + ___
___ + 2
2 + ___
___ + 1
3 + 1 + ___
2 + 3 + ___
5 + ___ + ___

= 7

Male die Buchstaben in deiner Lieblingsfarbe an:

SIEBEN

Für digitalen Rechenspaß rund um die Zahl 7 gehe zu: www.coollama.de/zahl7

2. Rechne. Male Tauschaufgaben mit der gleichen Farbe an.

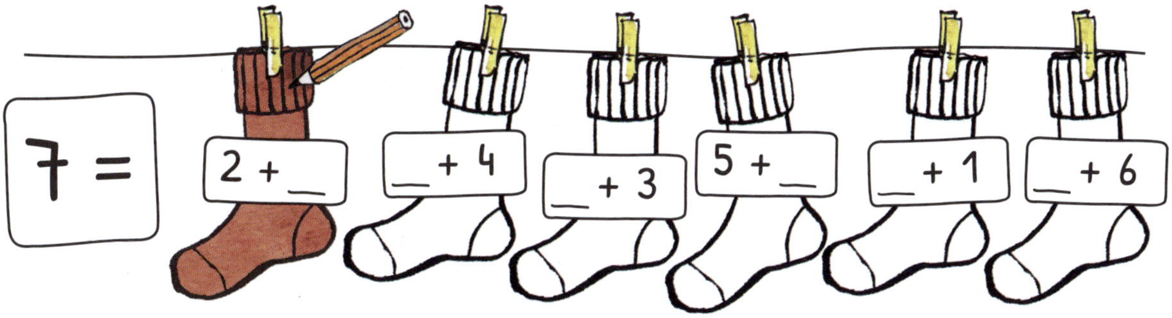

DIE ZAHL 8

1. Das Ergebnis ist immer 8. Fülle die Lücken.

8		8		8		8	
4	4		5	8			1

8		8		8		8	
3		4			6		

Teile selbst auf.

Male die Buchstaben in deiner Lieblingsfarbe an:

ACHT

2 + ___

6 + ___

___ + 4

1 + ___

3 + ___

4 + 1 + ___

3 + 3 + ___

6 + ___ + ___

= 8

Für digitalen Rechenspaß rund um die Zahl 8 gehe zu: www.coollama.de/zahl8

2. Rechne. Male Tauschaufgaben mit der gleichen Farbe an.

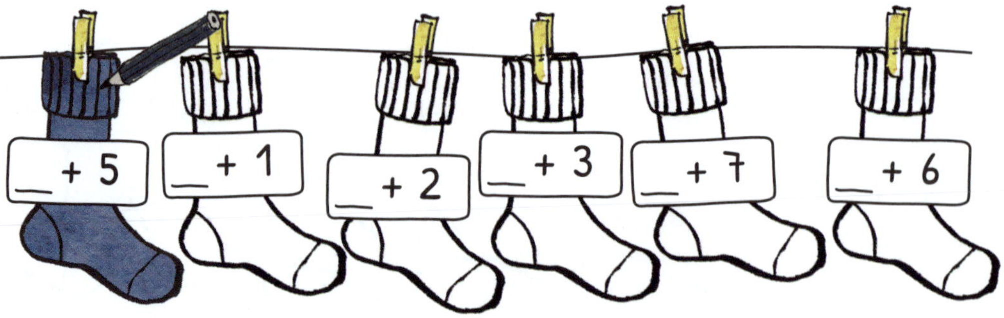

8 =

___ + 5

___ + 1

___ + 2

___ + 3

___ + 7

___ + 6

Löse die Aufgaben und male Lama Kunterbunt in den entsprechenden Farben an.

- = 1, 6 oder 9
- = 2
- = 3
- = 4
- = 5
- = 7
- = 8
- = 10

1. Das Ergebnis ist immer 9. Fülle die Lücken.

9		9		9		9	
5	4		2	6		3	

9		9		9		9	
1		7		4			

Teile selbst auf.

Male die Buchstaben in deiner Lieblingsfarbe an:

NEUN

Für digitalen Rechenspaß rund um die Zahl 9 gehe zu: www.coollama.de/zahl9

1 + ___
8 + ___
___ + 7
7 + ___
6 + ___
5 + 2 + ___
4 + 2 + ___
7 + ___ + ___

= 9

2. Rechne. Male Tauschaufgaben mit der gleichen Farbe an.

9 =

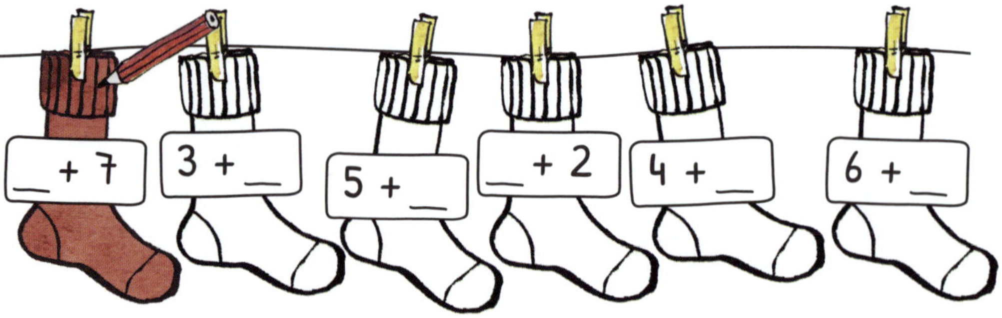

COOLER RECHENTRICK

2 + 2 = 4 → Eins mehr! → 2 + 3 = 5

2 + 2 = 4 → Eins weniger! → 2 + 1 = 3

Es verändert sich immer die blaue Zahl
und mit ihr genauso das Ergebnis.

1. Rechne mit dem Trick!

4 + 2 = 6 4 + 3 = ☐	3 + 1 = ☐ 3 + 2 = ☐	2 + 1 = ☐ 2 + 2 = ☐	5 + 3 = ☐ 5 + 4 = ☐
5 + 2 = ☐ 5 + 1 = ☐	4 + 4 = ☐ 3 + 4 = ☐	4 + 3 = ☐ 5 + 3 = ☐	7 + 2 = ☐ 8 + 2 = ☐

2. Verbinde jede Aufgabe mit ihrer Nachbaraufgabe und löse dann beide.

6 + 1 = ☐	5 + 5 = ☐	7 + 2 = ☐	3 + 3 = ☐
6 + 2 = ☐	3 + 2 = ☐	7 + 3 = ☐	5 + 4 = ☐

1. Fressi-Lama liebt Blätter!
Zähle die Zahlen der gleichen Blätter zusammen und rechne aus.

2 + 5 = 7	___ + ___ =	___ + ___ =
___ + ___ =	___ + ___ =	___ + ___ =

2. Finde eine Nachbaraufgabe der Aufgaben.

2 + 5 = 7 ↓ ↓ 2 + 6 = 8	3 + 2 = 5 ↓ ↓ 3 + 1 =	___ + ___ = ___ + ___ =
___ + ___ = ___ + ___ =	___ + ___ = ___ + ___ =	___ + ___ = ___ + ___ =

3. Rechne.

4 + 1 = 5 + 1 =	5 + 2 = 6 + 2 =	7 + 3 = 7 + 2 =
4 + 3 = 5 + 3 =	8 + 2 = 8 + 1 =	5 + 1 = 4 + 1 =

DIE ZAHL 10

1. Das Ergebnis ist immer 10. Fülle die Lücken.

10		10		10		10	
7	3	4		5			2

10		10		10		10	
9		0			8		

Teile selbst auf.

6 + ___
5 + ___
___ + 6
3 + ___
5 + 3 + ___
4 + 3 + ___
8 + ___ + ___
5 + 2 + ___ + ___

= 10

Male die Buchstaben in deiner Lieblingsfarbe an:

ZEHN

Für digitalen Rechenspaß rund um die Zahl 10 gehe zu: www.coollama.de/zahl10

2. Rechne. Male Tauschaufgaben mit der gleichen Farbe an.

10 =

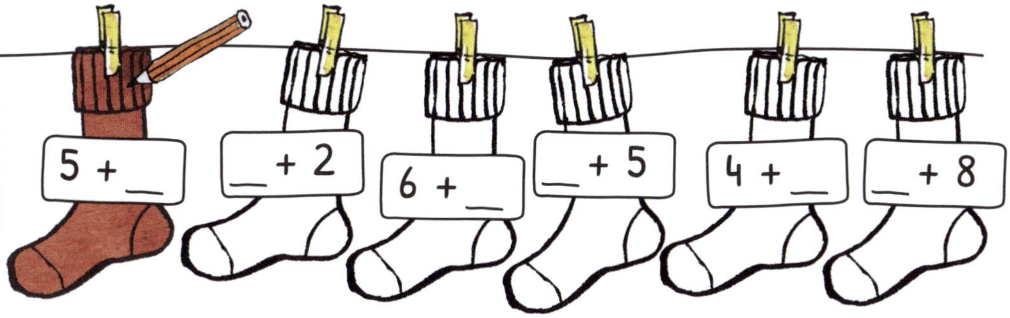

Rechne und verdiene dir einen Ehrenköttel.
Du schaffst das!

1.

___ + ___ =

___ + ___ =

___ + ___ =

2.

5 + 2 = ☐ 5 + 3 = ☐ 8 + 2 = ☐ 4 + 3 = ☐
2 + 5 = ☐ 3 + 5 = ☐ 2 + 8 = ☐ 3 + 4 = ☐

3.

1 + 2 = ☐ 4 + 1 = ☐ 6 + 2 = ☐ 5 + 5 = ☐
1 + 3 = ☐ 4 + 2 = ☐ 7 + 2 = ☐ 5 + 4 = ☐
1 + 4 = ☐ 4 + 3 = ☐ 8 + 2 = ☐ 5 + 3 = ☐

4.

4	
1	
	3
2	

6	
3	
	4
	6

9	
5	
7	
	3

10	
7	
	6
5	

5.

5 = 3 + 1 + ___ 6 = 2 + 2 + ___ 7 = ___ + 4 + 1
8 = 3 + 2 + ___ 9 = 6 + 2 + ___ 10 = ___ + 6 + 1

6. Quizfrage: Woran leiden Luftballons?

meine erreichten Punkte ☐

Kontrolliere auf Seite 69 und umkreise deinen Köttel.

22–30 Punkte 31–39 Punkte 40–48 Punkte

Yogi Lama,
biegsamer und geduldiger
Yogaguru

Hallo und Namaste!

Nach all der Rechnerei ist Yoga jetzt genau das Richtige für dich.

Kennst du den Baum? Diese Stellung ist super für die Balance.

Schau mal, ob du dich so positionieren kannst wie die Lama-Yogis unten. Dein Fuß kommt zum Knie und die Hände vor die Brust.

Wenn du es schwerer magst, halte die Hände über den Kopf!

Zähle bis 10 und atme tief durch.

Jetzt wechselst du den Fuß und zählst wieder bis 10.

Na, gar nicht so leicht die Balance zu halten, oder?

Ommmmmm. Das war es schon. Super gemacht!

Namaste und bis bald.
Dein Yogi Lama

1. Lami räumt den Lamahof auf und fegt einige der Köttel weg. Wie viele bleiben?

3 – 1 = 2	3 – 2 = __	3 – 3 = __	
4 – 1 = __	4 – 2 = __	4 – 3 = __	4 – 4 = __
5 – 2 = __	5 – 3 = __	5 – 1 = __	5 – 4 = __
6 – 3 = __	6 – 5 = __	6 – 2 = __	6 – 6 = __

2. Rechne. Ein paar der Aufgaben sind nicht lösbar. Weißt du warum?

Diese Aufgaben sind nicht lösbar für Grundschulkinder.

1 – 1 = ☐	1 – 2 =	1 – 3 =
2 – 1 = ☐	2 – 2 = ☐	2 – 3 =
3 – 1 = ☐	3 – 2 = ☐	3 – 3 = ☐
4 – 1 = ☐	4 – 2 = ☐	4 – 3 = ☐
5 – 1 = ☐	5 – 2 = ☐	5 – 3 = ☐
6 – 1 = ☐	6 – 2 = ☐	6 – 3 = ☐

Möchtest du online weiterüben?
www.coollama.de/sub10

1. Wer kann besser rechnen?
Kontrolliere und male
die richtige Antwort grün an.

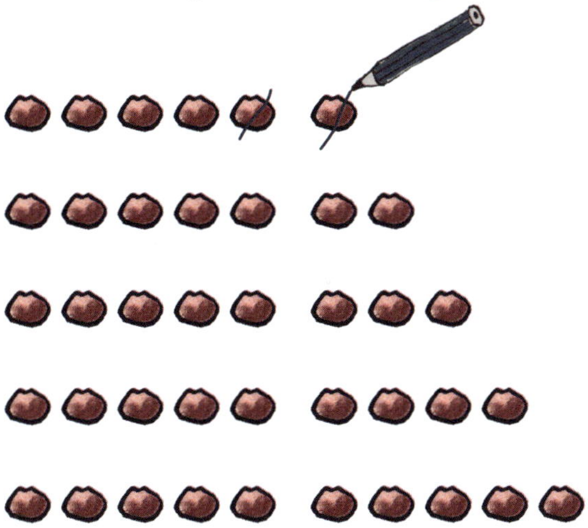

6 – 2 =	4	8
7 – 3 =	3	4
8 – 5 =	3	4
9 – 4 =	4	5
10 – 3 =	7	6

2. Finale im Rechenwettbewerb! Hilf den Lamas und
umkreise die richtigen Ergebnisse.

10 – 4 =	6	4
10 – 5 =	5	6
10 – 6 =	6	4
10 – 7 =	3	2
10 – 8 =	2	3

6 – 1 =	3	5
6 – 2 =	4	3
6 – 3 =	3	2
6 – 4 =	4	2
6 – 5 =	1	0

10 – 2 =	8	7
9 – 2 =	8	7
8 – 2 =	6	4
7 – 2 =	5	9
6 – 2 =	4	8

Wie ist das Wetter auf der Lamaweide? Rechne die Aufgaben und finde es heraus.

1. Löse alle Aufgaben.

5+3	10−6	5+5	8+2	9−2	4+6
8					
S					

3. Trage die passenden Buchstaben ein und entziffere die Lösung!

10−2	9−4	2+4	4+3	8−5	7+3

2. Welches Ergebnis steht für welchen Buchstaben?

10	7	5	6	4	3	8
N	E	C	H	O	I	S

VERLIEBTE ZAHLEN

1. Verliebte Zahlen ergeben zusammen immer 10. Ergänze.

9 | 1	8 |	7 |	6 |	| 5	| 6	3 |	| 8	1 |

2. Male die verliebten Zahlen in der gleichen Farbe an.

8 4 7 6 0 1

10 5 9 2 5 3

3. Umkreise die verliebte Zahl.

7	5, 2, 3	4	7, 6, 5	9	1, 0, 2

4. Ergänze.

8	♥	2	3	♥		10	♥	
	♥	4		♥	9		♥	7
7	♥			♥	6	1	♥	

COOLER RECHENTRICK

10 − 2 = 8 8 + 2 = 10	6 + 4 = 10 10 − 4 = 6

Schwups, ich mache meine Rechnung wieder rückgängig!

1. Rechne mit dem Trick.

4 + 2 = 6 6 − 2 = 4	7 + 2 = 9 9 − 2 = ☐	2 − 1 = ☐ 1 + 1 = ☐	8 − 3 = ☐ _ + 3 = ☐
7 + 3 = ☐ _ − 3 = ☐	6 − 4 = ☐ _ + 4 = ☐	5 + 3 = ☐ _____ = ☐	7 − 5 = ☐ _____ = ☐

2. Mit Umkehraufgaben kannst du auch gut Aufgaben kontrollieren!

Stimmt? ✓
Stimmt nicht? X

10 − 5 = 4	4 + 5 = ☐	☐
5 + 4 = 9	9 − _ = ☐	☐
8 − 5 = 3	_____ = ☐	☐
3 + 2 = 7	_____ = ☐	☐

1. Die Zahlen in den beiden äußeren Kreisen ergeben zusammen die Zahl in der Mitte. Fülle die Lücken.

2. Die Zahlen der zwei unteren Steine ergeben zusammen die Zahl des Steines darüber. Fülle die Lücken.

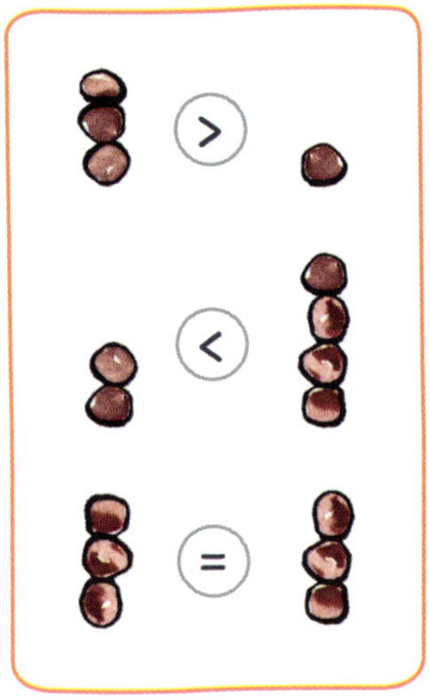

1. Größer, kleiner, gleich? Ergänze die Zeichen.

5	◯	5	7	◯	9	2	◯	1
1	◯	3	3	◯	4	4	◯	5
0	◯	6	5	◯	3	10	◯	0
9	◯	4	9	◯	8	8	◯	6
8	◯	7	6	◯	8	7	◯	7
4	◯	4	7	◯	10	2	◯	8

2. Rechne und ergänze.

8 + 1 = 9 > 8	8 + 0 = __ ◯ 8
4 + 3 = __ ◯ 7	5 + 4 = __ ◯ 7
5 + 5 = __ ◯ 7	6 + 3 = __ ◯ 6
2 + 1 = __ ◯ 5	2 + 2 = __ ◯ 5
4 + 2 = __ ◯ 4	3 + 1 = __ ◯ 2

VOLLGAS

1. Mit Vollgas durch die Zahlenmauern! Rechne.

- 8 / 4 4
- 7 / 3 __
- __ / 2 3
- __ / 1 7
- 10 / __ 3
- 8 / 5 __
- __ / __ __ / 2 2 2
- __ / 4 6
- 9 / 2 __
- __ / 3 6
- __ / __ 5 / 3 2 __

2. Jede Seite eines Kötteldreiecks soll immer 10 ergeben. Ergänze.

5 + 1 + 4 = 10

- 5 / 1 2 / 4 3 3
- 6 / __ __ / 1 __ 2
- 4 / __ __ / 2 __ 5
- 3 / __ __ / 5 __ 4
- 7 / __ __ / 0 __ 2
- 6 / __ __ / 2 __ 3
- 8 / __ __ / 2 __ 1
- 10 / __ __ / 0 __ 0

- 3 / __ __ / 3 __ 3
- 7 / __ __ / 2 __ 1
- 5 / __ __ / 5 __ 2
- 2 / __ __ / 7 __ 2

PROFESSOR PROTZI PRÜFT

Rechne und verdiene dir einen Ehrenköttel.
Du schaffst das!

1.

5 + 2 = ☐	6 + 3 = ☐	4 + 5 = ☐	2 + 8 = ☐
2 + 5 = ☐	3 + 6 = ☐	5 + 4 = ☐	8 + 2 = ☐

2.

8 – 5 = ☐	4 + 4 = ☐	9 – 6 = ☐	8 – 2 = ☐
8 – 4 = ☐	4 + 5 = ☐	9 – 5 = ☐	8 – 3 = ☐

3.

3 + 2 = ☐	7 + 2 = ☐	4 + 3 = ☐	8 + 2 = ☐
5 – 2 = ☐	__ – 2 = 7	7 – __ = 4	__ – 2 = 8

4. Immer 10

1 | 9 | 3 | 10 | 4 | 5 | 8

5.

☐	☐	8	6
5 | 3	7 | 2	4 | ☐	☐ | 2

6.

5 + 2 = ☐	3 + 7 = ☐	6 + 1 = ☐	9 – 3 = ☐
7 – 4 = ☐	10 – 4 = ☐	8 – 5 = ☐	6 – 5 = ☐

7. Quizfrage: Welcher Hund mag keinen Knochen?

Kontrolliere auf Seite 71 und umkreise deinen Köttel.

meine erreichten Punkte ☐

18–26 Punkte	27–35 Punkte	36–44 Punkte

Entdeckst du, welche Bildausschnitte hier durch die große Lama-Lupe angesehen werden? Kreise ein.

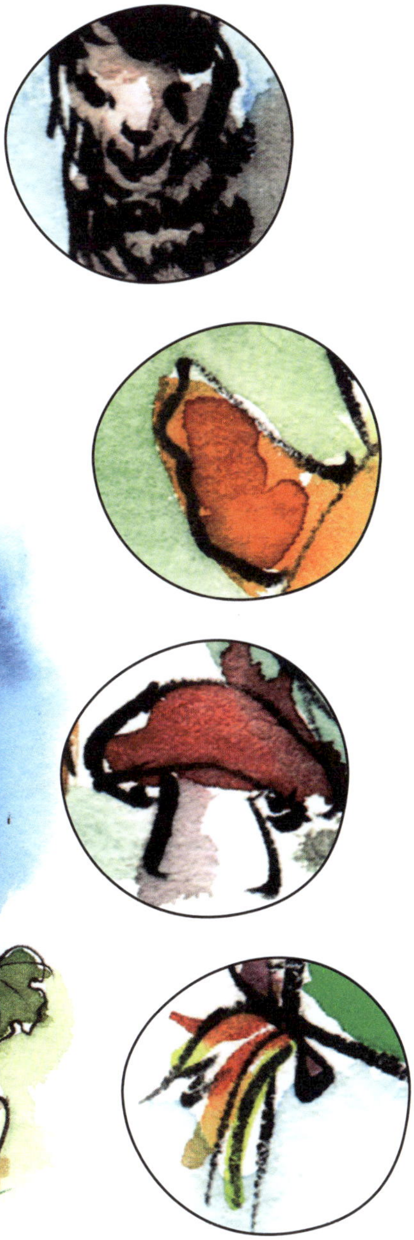

NACHBAR-LAMAS

0 1 2 3 4 5 6 7 8 9 10 11 12 13 14 15 16 17 18 19 20

Der Zahlenstrahl hilft dir bei den Aufgaben!

1. Kennst du unsere Nachbarzahlen?

Vorgänger	Zahl	Nachfolger
1	2	
		7
9		
		13

Vorgänger	Zahl	Nachfolger
		9
	11	
15		
		20

2. Ergänze die Köttelreihen.

11	12	13						20	
			8	9	10				
2	4	6							
19	18	17							

1. Billi liebt Äpfel. Wie viele hat er vom Baum gepflückt? Rechne.

10 + 1 = 11

10 + ___ = ___

___ + ___ = ___

___ + ___ = ___

___ + ___ = ___

___ + ___ = ___

2. Erkennst du das Muster der Rechentürme? Rechne.

10 + 1 = ☐
10 + 2 = ☐
10 + 3 = ☐
10 + 4 = ☐
10 + 5 = ☐
10 + 6 = ☐
10 + 7 = ☐
10 + 8 = ☐
10 + 9 = ☐
10 + 10 = ☐

20 = 10 + ___
19 = 10 + ___
18 = 10 + ___
17 = 10 + ___
16 = 10 + ___
15 = 10 + ___
14 = 10 + ___
13 = 10 + ___
12 = 10 + ___
11 = 10 + ___

11 − ___ = 10
12 − ___ = 10
13 − ___ = 10
14 − ___ = 10
15 − ___ = 10
16 − ___ = 10
17 − ___ = 10
18 − ___ = 10
19 − ___ = 10
20 − ___ = 10

COOLER RECHENTRICK

2 + 1 = 3 → 12 + 1 = 13

2 − 1 = 1 → 12 − 1 = 11

Die sehen sich aber ähnlich. Sind die verwandt?! Ja!

1. Die kleine Aufgabe hilft bei der großen Aufgabe.
   Rechne mit dem Trick.

4 + 1 = 5	6 + 3 =	7 + 2 =	3 + 4 =
14 + 1 =	16 + 3 =	17 + 2 =	13 + 4 =
7 − 4 =	5 − 2 =	8 − 3 =	9 − 6 =
17 − 4 =	15 − 2 =	18 − 3 =	19 − 6 =

2. Verbinde die kleine mit der großen Aufgabe und löse dann beide.

6 − 1 =	4 + 5 =	7 − 5 =	8 + 1 =
14 + 5 =	17 − 5 =	16 − 1 =	18 + 1 =

Erst wenn die Hürden ausgerechnet sind, dürfen die Lamas darüber hinwegspringen. Hilf allen über die Ziellinie!

START

2 + 2 = 4	7 − 3 = ☐	3 + 3 = ☐
12 + 2 = ☐	17 − 3 = ☐	13 + 3 = ☐
4 + 4 = ☐	4 − 3 = ☐	8 + 1 = ☐
14 + 4 = ☐	14 − 3 = ☐	18 + 1 = ☐
7 + 1 = ☐	9 − 4 = ☐	5 + 3 = ☐
17 + 1 = ☐	19 − 4 = ☐	15 + 3 = ☐
2 + 4 = ☐	7 − 6 = ☐	5 + 2 = ☐
12 + 4 = ☐	17 − 6 = ☐	15 + 2 = ☐
5 + 4 = ☐	8 − 5 = ☐	6 + 2 = ☐
15 + 4 = ☐	18 − 5 = ☐	16 + 2 = ☐
3 + 6 = ☐	3 − 2 = ☐	3 + 2 = ☐
13 + 6 = ☐	13 − 2 = ☐	13 + 2 = ☐

ZIEL

1. Rechne erst bis zur 10. Dann wird der Rest addiert.

Erinnerst du dich? Verliebte Zahlen ergeben zusammen immer 10!

7 + 5 = ☐
7 + 3 + 2 = 12

9 + 4 = ☐
9 + 1 + 3 = ☐

5 + 6 = ☐
5 + 5 + _ = ☐

6 + 6 = ☐
6 + _ + _ = ☐

8 + 7 = ☐
8 + _ + _ = ☐

7 + 8 = ☐
7 + _ + _ = ☐

5 + 8 = ☐
5 + _ + _ = ☐

7 + 7 = ☐
7 + _ + _ = ☐

9 + 2 = ☐
9 + _ + _ = ☐

2. Hier darfst du außerdem nach jeder Rechnung ein passendes Ergebnisfeld ausmalen.

4 + 8 = ☐
4 + 6 + 2 = ☐

6 + 8 = ☐
6 + _ + _ = ☐

9 + 9 = ☐
9 + _ + _ = ☐

7 + 6 = ☐
7 + _ + _ = ☐

4 + 7 = ☐
4 + _ + _ = ☐

9 + 7 = ☐
9 + _ + _ = ☐

8 + 3 = ☐
8 + _ + _ = ☐

7 + 5 = ☐
7 + _ + _ = ☐

6 + 9 = ☐
6 + _ + _ = ☐

9 + 3 = ☐
9 + _ + _ = ☐

5 + 8 = ☐
5 + _ + _ = ☐

7 + 6 = ☐
7 + _ + _ = ☐

1. Weiter geht's mit voller Plus-Power!
Rechne wieder erst zur 10, dann weiter.

9 + 7 = ☐	3 + 8 = ☐	7 + 9 = ☐
9 + 1 + _ = ☐	3 + _ + _ = ☐	7 + _ + _ = ☐
6 + 5 = ☐	8 + 8 = ☐	4 + 9 = ☐
6 + _ + _ = ☐	8 + _ + _ = ☐	4 + _ + _ = ☐
6 + 7 = ☐	9 + 8 = ☐	9 + 9 = ☐
6 + _ + _ = ☐	9 + _ + _ = ☐	9 + _ + _ = ☐

2. Die Nachbaraufgaben helfen
dir über den Zehner.

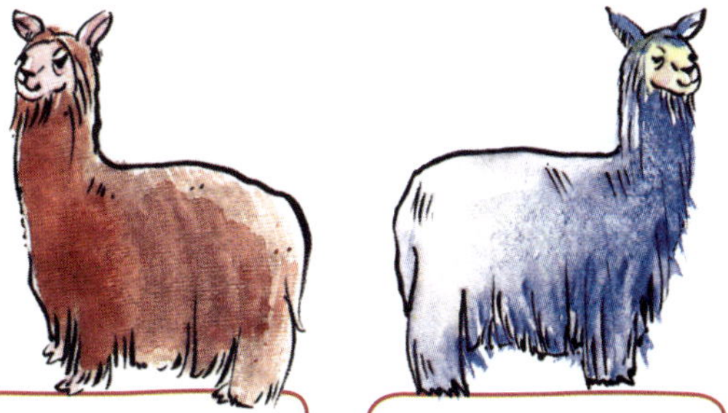

6 + 3 = ☐	7 + 2 = ☐	8 + 1 = ☐	9 + 0 = ☐
6 + 4 = ☐	7 + 3 = ☐	8 + 2 = ☐	9 + 1 = ☐
6 + 5 = ☐	7 + 4 = ☐	8 + 3 = ☐	9 + 2 = ☐
6 + 6 = ☐	7 + 5 = ☐	8 + 4 = ☐	9 + 3 = ☐
6 + 7 = ☐	7 + 6 = ☐	8 + 5 = ☐	9 + 4 = ☐
6 + 8 = ☐	7 + 7 = ☐	8 + 6 = ☐	9 + 5 = ☐
6 + 9 = ☐	7 + 8 = ☐	8 + 7 = ☐	9 + 6 = ☐
6 + 10 = ☐	7 + 9 = ☐	8 + 8 = ☐	9 + 7 = ☐

1. Stop! Rechne erst zurück zur 10.
Dann wird der Rest abgezogen.

12 − 5 = ☐
12 − 2 ¦ − 3 = 7

11 − 4 = ☐
11 − 1 ¦ − _ = ☐

14 − 6 = ☐
14 − _ ¦ − _ = ☐

13 − 5 = ☐
13 − _ ¦ − _ = ☐

16 − 9 = ☐
16 − _ ¦ − _ = ☐

15 − 8 = ☐
15 − _ ¦ − _ = ☐

2. Weiter geht's! Nach jeder Rechnung darfst du dem Lama mit passender Ergebniszahl einen Namen geben.

14 − 8 = 14 − 4 ¦ − 4 = 6
16 − 8 = 16 − _ ¦ − _ = ☐
11 − 8 = 11 − _ ¦ − _ = ☐
13 − 9 = 13 − _ ¦ − _ = ☐
18 − 9 = 18 − _ ¦ − _ = ☐
14 − 7 = 14 − _ ¦ − _ = ☐
14 − 9 = 14 − _ ¦ − _ = ☐
11 − 9 = 11 − _ ¦ − _ = ☐
11 − 10 = 11 − _ ¦ − _ = ☐

1. Mit Vollgas geht's durch diese Minus-Mission!
Rechne wieder erst zurück zur 10, dann weiter.

15 – 7 = ☐	17 – 8 = ☐	17 – 9 = ☐
15 – 5 – __ = ☐	17 – __ – __ = ☐	17 – __ – __ = ☐
16 – 7 = ☐	18 – 10 = ☐	14 – 5 = ☐
16 – __ – __ = ☐	18 – __ – __ = ☐	14 – __ – __ = ☐
13 – 7 = ☐	14 – 8 = ☐	12 – 9 = ☐
13 – __ – __ = ☐	14 – __ – __ = ☐	12 – __ – __ = ☐

2. Die Nachbaraufgaben helfen dir auch hier beim Zehnerübergang. Rechne.

12 – 1 = ☐	13 – 2 = ☐	14 – 3 = ☐	15 – 4 = ☐
12 – 2 = ☐	13 – 3 = ☐	14 – 4 = ☐	15 – 5 = ☐
12 – 3 = ☐	13 – 4 = ☐	14 – 5 = ☐	15 – 6 = ☐
12 – 4 = ☐	13 – 5 = ☐	14 – 6 = ☐	15 – 7 = ☐
12 – 5 = ☐	13 – 6 = ☐	14 – 7 = ☐	15 – 8 = ☐
12 – 6 = ☐	13 – 7 = ☐	14 – 8 = ☐	15 – 9 = ☐
12 – 7 = ☐	13 – 8 = ☐	14 – 9 = ☐	15 – 10 = ☐
12 – 8 = ☐	13 – 9 = ☐	14 – 10 = ☐	15 – 11 = ☐

Ganz schön kalt im Lama-Gehege! Zum Glück tragen alle einen Schal. Fülle die Lücken.

11	2		8		9		7
	9	4		1		5	

2 + 9 = 11

12		8	5		10		2
	1			3		5	

13	10	9	7				1
				3	5	11	

14	1	5			8		13
			12	3		7	

15			9		7		
	4	12		2		5	14

16		11			3		14
	4		9	6		8	

17		9		12		11	
	15		3		4		7

18	9	11		12			2
			3		17	4	

19	4	12	6		13		
				8		5	18

20	10	15			9		6
			8	7		16	

1. Von wem ist welches Geschenk? Rechne und verbinde.

2. Rechne.

6 – 2 = ☐ 6 – 4 = ☐	7 – 5 = ☐ 7 – 2 = ☐	8 – 6 = ☐ 8 – 2 = ☐	9 – 5 = ☐ 9 – 4 = ☐
5 – 3 = ☐ 15 – 3 = ☐	7 – 4 = ☐ 17 – 4 = ☐	6 – 6 = ☐ 16 – 6 = ☐	9 – 3 = ☐ 19 – 3 = ☐

Franzl ist sich unsicher beim Lösen der Strohballen.
Hilf ihm.

8	1	2	11
4		1	12
	3	6	13
3		5	14
8	3		15
4	6		16
7	7		17
12		4	18
	5	4	19
7			20
	8		20
			20

8 + 1 + 2 = 11

Kannst du Franzl auch hier nochmal unter die Arme greifen und die Aufgaben lösen?

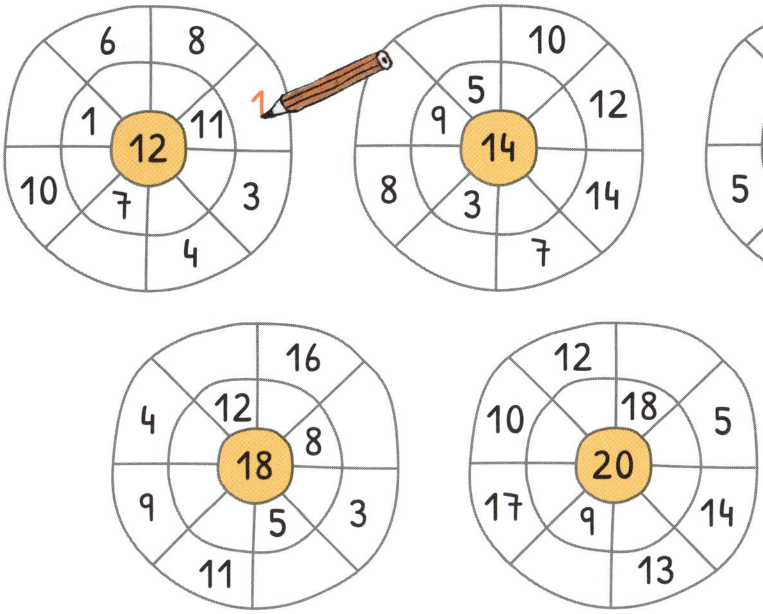

16
10 6

17
12

2 13

20
7

14
9

8 6

19
7

11
5

6
8 2

15 2
2

6 4 6

15
2 3

4 – 3 =
14 – 13 =

5 – 2 =
15 – 12 =

8 – 5 =
18 – 15 =

7 – 4 =
17 – 14 =

Hey, cool, dass du da bist!

Bo Body, geprüfter und gefürchteter Fitnesstrainer

Ich bin Bo, dein persönlicher Fitnesstrainer.
Jetzt machen wir mal eine Pause von Plus und Minus und werden sportlich.

LOS GEHT'S!

1. Luftboxen: Zähle bis 10!
2. Kniebeugen: 5 Stück!
3. Auf einem Bein hüpfen: 5-mal!

Außer Puste? So muss es sein!

Einmal kurz durchatmen und dann das Training noch einmal wiederholen.
Wechsle dabei auch das Bein.

Fertig? High Five!

Übermorgen ist wieder Training.
Gleicher Ort, gleiche Zeit.

Dein Bo Body

FANG DEN DIEB!

Wer hat Bo Bodys Sportlerfutter gefressen? Rechne und markiere der Reihe nach die Ergebnisfelder.

13	0	19	1	22	3	8	0
8	21	14	3	13	0	19	2
2	20	17	12	2	9	4	1
14	16	19	3	14	3	7	13
15	11	0	1	23	0	18	8
1	14	3	2	19	21	6	0
3	22	0	13	2	8	10	4
0	8	2	0	25	13	19	14

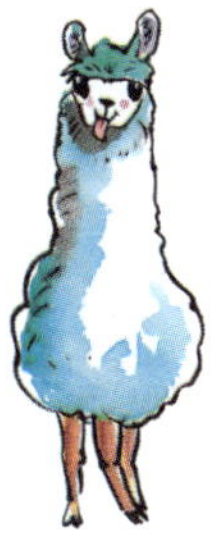

a) 11 + 4 = 15

b) 6 + 5 = 11

c) 8 + 8 = 16

d) 15 + 5 = ___

e) 12 + 5 = ___

f) 14 − 2 = ___

g) 8 − 6 = ___

h) 11 − 2 = ___

i) 9 − 5 = ___

j) 17 − 10 = ___

k) 9 + 9 = ___

l) 13 − 7 = ___

m) 20 − 10 = ___

n) 12 − 8 = ___

Lust auf mehr?
Hier findest du viele Plus- und Minus-Spiele:

www.coollama.de

PROFESSOR PROTZI PRÜFT

Rechne und verdiene dir einen Ehrenköttel.
Du schaffst das!

1.

6 + 3 = ☐	8 – 5 = ☐	4 + 5 = ☐	9 – 7 = ☐
16 + 3 = ☐	18 – 5 = ☐	14 + 5 = ☐	19 – 7 = ☐

2.

17							
	17				5		14
		7	9	15		4	

3.

7 + 2 = ☐	9 – 4 = ☐	8 + 2 = ☐	4 – 3 = ☐
17 + 2 = ☐	19 – 4 = ☐	18 + 2 = ☐	14 – 3 = ☐

4.

5.

15 + 2 = ☐	13 + 7 = ☐	8 + 3 = ☐	19 – 3 = ☐
16 – 4 = ☐	11 – 3 = ☐	18 – 5 = ☐	16 – 7 = ☐
8 + 6 = ☐	9 + 7 = ☐	11 + 4 = ☐	17 – 5 = ☐

6. Quizfrage: Welche Brille trägt man nicht auf der Nase?

meine erreichten Punkte ☐

13–21 Punkte | 22–30 Punkte | 31–39 Punkte

Kontrolliere auf Seite 75 und umkreise deinen Köttel.

WAS MAG ICH?

Wen oder was mag ich? Suche in der Buchstabenbox nach 10 Wörtern und finde es heraus.

R	X	E	S	S	E	N	U	X	C
R	E	C	H	N	E	N	P	Ö	O
K	T	T	M	A	M	A	L	Z	O
M	L	P	A	P	A	E	X	S	L
A	W	G	H	O	L	F	I	N	L
T	S	R	C	K	E	W	L	Z	A
L	A	C	H	E	N	M	S	J	M
X	W	U	M	I	L	C	H	Ü	A
S	P	I	E	L	E	N	H	K	A
P	R	P	S	Y	L	E	S	E	N

1. __________
2. __________
3. __________
4. __________
5. __________
6. __________
7. __________
8. __________
9. __________
10. __________

Bro hat einige der Zahlen weggespuckt.
Hilfst du die Lücken zu füllen?

17
Innen: 10, 7, 4, 3, 5, 9
Außen: 4, 13, 6

13
Innen: 12
Außen: 8, 7, 2, 10, 9, 3, 6

19
Innen: 11, 8, 7
Außen: 10, 15, 14, 3, 6

+	4	6
4		
14		

2 + 3 = 5

+	3	4
2	5	
12		

+	3	4
6		
16		

−	4	7
7		
8		

Achtung, hier geht's weiter mit Minus!
7 − 4 = 3

−	5	4
8		
10		

−	10	
16		8
17		

−	3	9
	10	
18		

13 − 7 = ☐

17 − 9 = ☐

18 − 10 = ☐

14 − 5 = ☐

1. Löse die Aufgaben und male das Bild in den richtigen Farben aus.

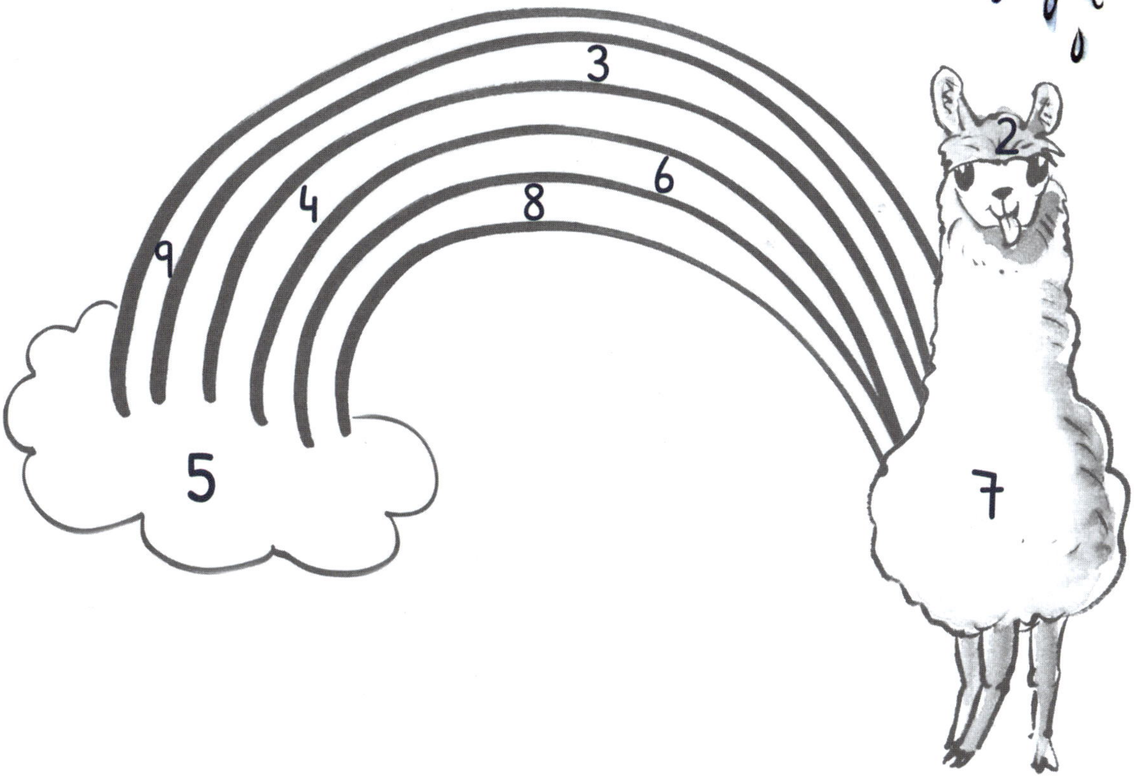

14 – 9 =	11 – 2 =	16 – 8 =	12 – 9 =
11 – 9 =	12 – 6 =	13 – 6 =	12 – 8 =

2. Setze die Aufgabenfolgen fort.

1 + 1 =	2 – 1 =	12 – 2 =	3 + 2 =
2 + 2 =	4 – 2 =	14 – 4 =	6 + 2 =
3 + 3 =	6 – 3 =	16 – 6 =	9 + 2 =
___ + ___ =	___ – ___ =	___ – ___ =	___ + ___ =
___ + ___ =	___ – ___ =	___ – ___ =	___ + ___ =

Was kann ich besonders gut?
Rechne und finde es heraus.

5 + 3 = ☐
17 – 5 = ☐
9 + 6 = ☐

Rechne aus.

8 + 3 = ☐
12 – 5 = ☐
6 + 4 = ☐
17 – 7 = ☐

5 + 9 = ☐
9 – 5 = ☐
10 + 10 = ☐

16 – 10 = ☐
7 + 2 = ☐
8 + 4 = ☐
20 – 5 = ☐
19 – 9 = ☐
7 + 2 = ☐
3 + 7 = ☐

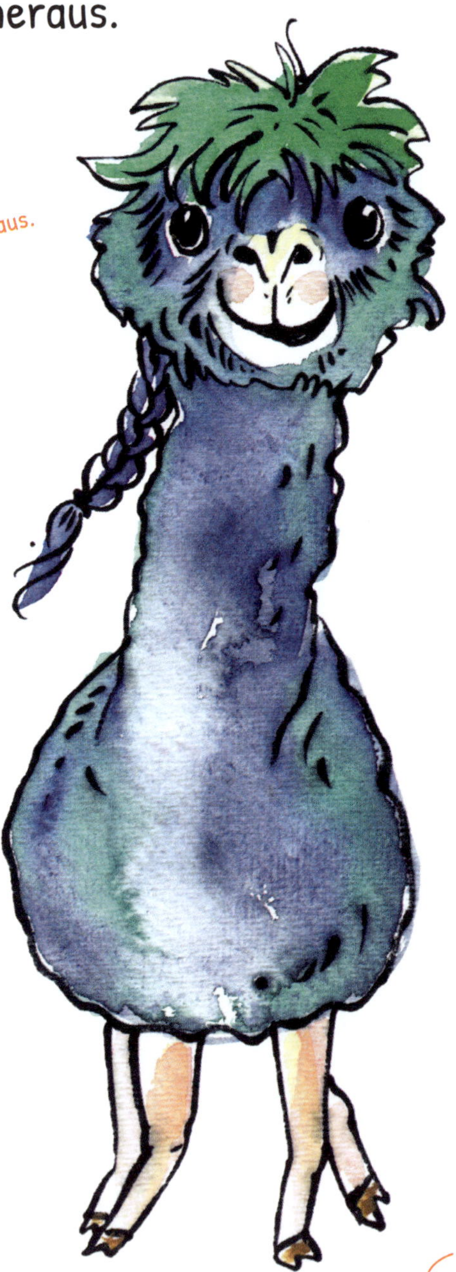

Suche nach dem passenden Buchstaben für dein Ergebnis.

10	N
8	I
11	K
12	C
7	A
15	H
14	G
20	T
6	R
4	U
9	E

Setze die Buchstaben der Reihe nach an die richtige Stelle.

☐☐☐ ☐☐☐☐ ☐☐☐

☐☐☐☐☐☐☐ .

1. Hilf den Lamas und zeige ihnen ihre Koppel.

2. Jede Seite eines Kötteldreiecks ergibt 20.
Ergänze.

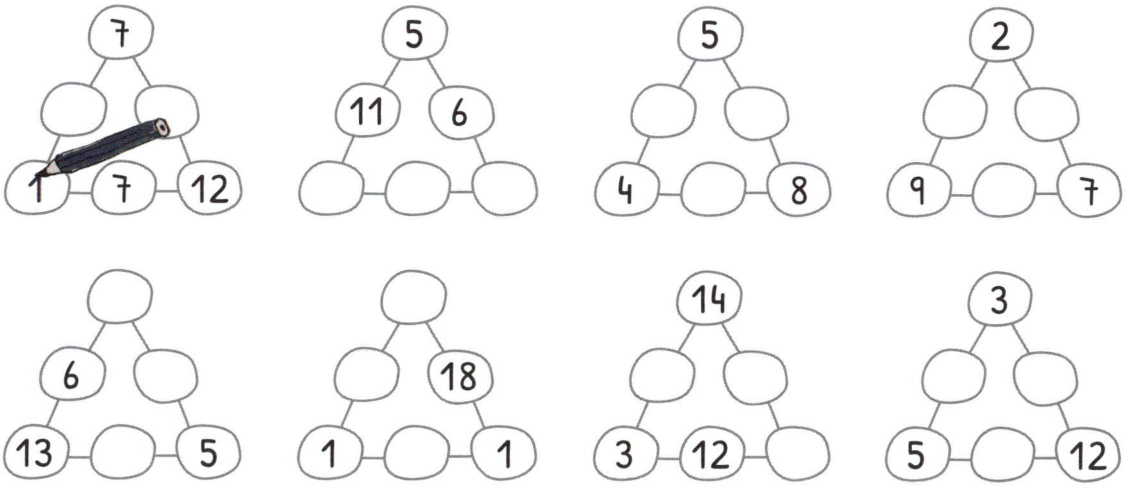

LAMA-FAMILIEN

Beispiel: 10 4 6

	4	+		6	=	1	0
	6	+		4	=	1	0
1	0	–		6	=		4
1	0	–		4	=		6

Bilde mit den Zahlen Aufgabenfamilien.

		+			=		
		+			=		
		–			=		
		–			=		

		+			=		
		+			=		
		–			=		
		–			=		

		+			=		
		+			=		
		–			=		
		–			=		

		+			=		
		+			=		
		–			=		
		–			=		

		+			=		
		+			=		
		–			=		
		–			=		

		+			=		
		+			=		
		–			=		
		–			=		

KLASSENFAHRT

Die Lamas sind auf Klassenfahrt und suchen ihre Zimmer.
Leider sind ein paar Lamas falsch! Wer hat sich geirrt?
Rechne und umkreise.

8 + 4 =	17 − 4 =	9 + 5 =
6 + 5 =	20 − 11 =	19 − 11 =

10 + 10 =	9 − 8 =	8 + 8 =
17 − 13 =	15 − 10 =	16 − 9 =

7 + 8 =	17 − 14 =	9 + 9 =
20 − 4 =	19 − 8 =	18 − 9 =

10 + 9 =	9 + 8 =	11 + 9 =
19 − 12 =	12 − 6 =	7 + 6 =

Die Lamas müssen einen Fluss überqueren. Die Brücken sind nur sicher, wenn alle Aufgaben darin ausgerechnet sind. Bringe dein Lama wohlbehalten hinüber.

Zahl	2	3			8	9	10
Das Doppelte	4		10	12			

Zahl	2	4		10	7		
Die Hälfte	1		4			8	10

Gerade Zahl							
Ungerade Zahl	1						

~~1~~ 2 3 4 5 6 7 8 9 10 11 12 13 14

RICHTIG ODER FALSCH?

= 5 6
= 4
= 12
= 6

1 + 1 + 1 + 1 + 1 + 1
2 3 4 5 6

2 + 2 − 2 + 2 − 2 + 2

Notiere hier deine Zwischenergebnisse.

1 + 2 + 3 + 1 + 2 + 3

2 + 4 − 2 + 6 − 4 + 2

= 20 ✓
= 9
= 5
= 4

1 + 2 + 3 + 4 + 5 + 5
3 6 10 15 20

1 + 2 + 1 + 2 + 1 + 2

5 + 5 − 5 − 5 + 5 + 5

20 − 1 − 2 − 3 − 4 − 5

Die Lamas machen einen Rechenwettbewerb. Die Aufgaben sind richtig schwer. Stimmen die Antworten der Lamas?

= 12
= 20
= 6
= 10

2 + 2 + 2 + 2 + 2 + 2

10 + 10 − 10 + 10 − 10 + 10

4 − 2 + 4 − 2 + 4 − 2

20 − 2 − 2 − 2 − 2 − 2

= 28
= 4
= 10
= 9

3 + 3 + 3 + 3 + 3 + 3

10 − 1 − 1 − 1 − 1 − 1

5 + 5 + 5 + 5 − 5 − 5

6 + 3 − 9 + 6 + 3 − 9

1. Wer sagt denn, dass immer nur wir die Aufgaben vorgeben dürfen? Jetzt bist DU dran!
Erfinde Rechnungen passend zu den Ergebnissen.

2. Ergänze die Rechenaufgaben passend zu den Bildern.

Werde wieder kreativ und denke dir eigene Aufgaben aus!

1.	2.	3.	4.

1 + 1 = ☐	_ – _ = ☐	_ + _ = ☐	_ – _ = ☐

RANZEN PACKEN

Die Lamas können nicht so gut Ranzen packen. Vor allem eine Sache vergessen sie dauernd. Rechne und finde heraus was.

1. Löse alle Aufgaben. Beginne mit der linken Spalte.

17+2=	19 → W	20 → S
16−7=	9 → A	8 → I
5+9=	15 → L	14 → S
12+5=	7 → U	17 → S
9+11=	20 → E	19 → F
18−10=	8 → R	10 → U

20−5=	5 → A	15 → F
15−8=	7 → L	8 → C
9−5=	14 → H	4 → A
6+5=	11 → S	9 → I
9+9=	16 → H	18 → C
19−14=	5 → H	6 → P
20−13=	7 → E	17 → P

2. Das passende Ergebnis verrät dir den richtigen Buchstaben.

3. Lösungswort

Rechne und verdiene dir einen Ehrenköttel.
Du schaffst das!

1.

10 + 3 = ☐	12 − 4 = ☐	4 + 3 = ☐	3 + 3 = ☐
11 + 3 = ☐	12 − 5 = ☐	5 + 4 = ☐	5 + 5 = ☐
__ + 3 = ☐	__ − __ = ☐	__ + __ = ☐	__ + __ = ☐

2.

Zahl	2	5			8	7	
Das Doppelte			12	8			20

3.

+	6	5
3		
13		

−	3	4
5		
15		

+	4	
6		8
16		

−	3	1
	10	
17		

4.

Zahlenmauer 1: ☐ / ☐ ☐ / 4 2 3

Zahlenmauer 2: ☐ / 12 ☐ / 8 ☐ 3

Zahlenmauer 3: ☐ / ☐ 15 / 3 ☐ 13

5.

4 + 3 + 5 = ☐	12 + 2 + 3 = ☐	8 + __ + 2 = 19
8 + 2 + 3 = ☐	10 + 4 + __ = 20	__ + 4 + 3 = 12

6. Quizfrage: Welcher Apfel schmeckt fürchterlich?

meine erreichten Punkte ☐

Kontrolliere auf Seite 78 und umkreise deinen Köttel.

32–40 Punkte | 41–49 Punkte | 50–58 Punkte

Was wünschen sich die Lamas zum Nachtisch? Folge den Linien, sammle die Buchstaben und finde es heraus!

JULIAN ______ FRANZL ______ MALIN ______ PRINCESS ______

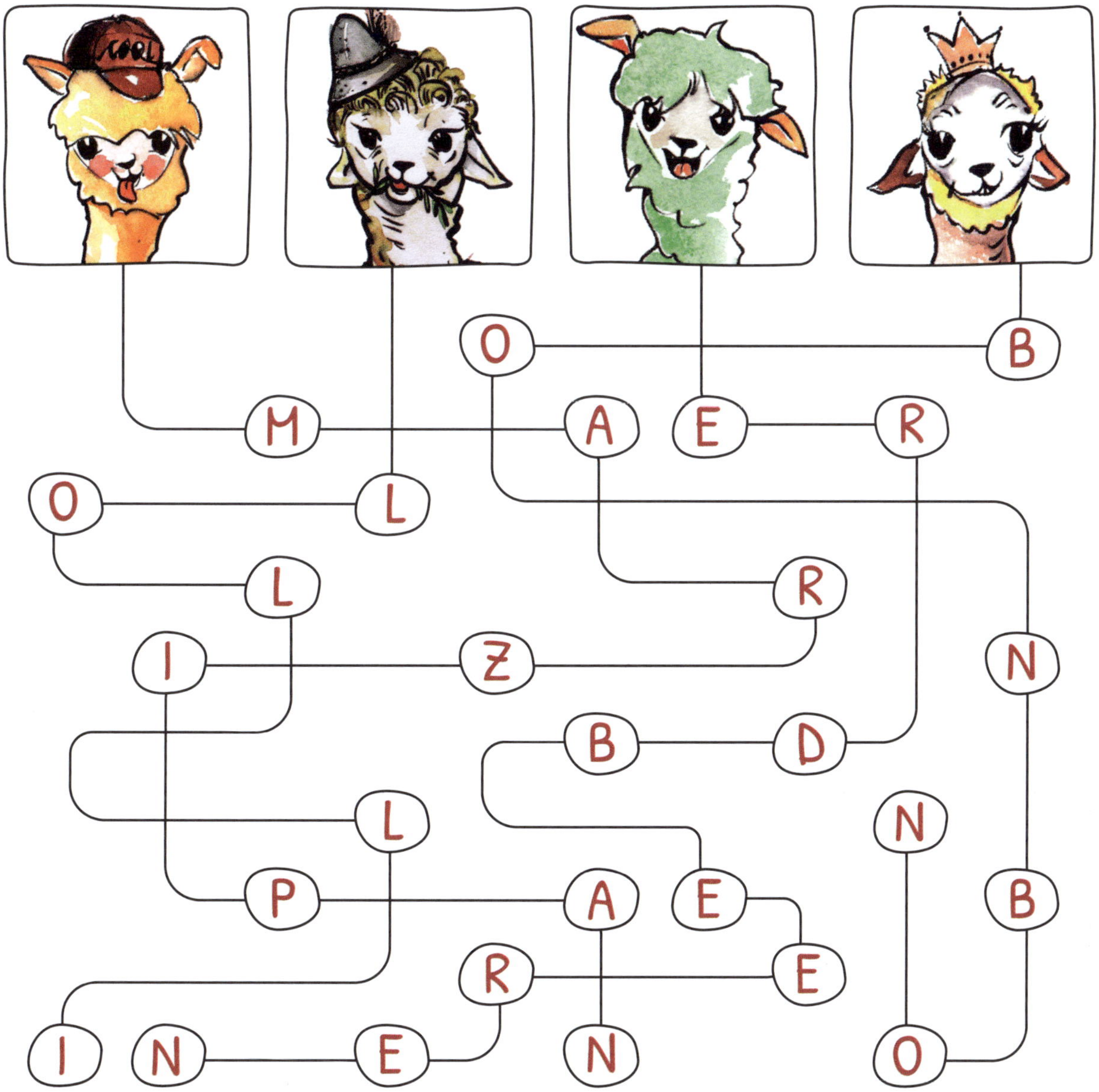

Findest du heraus, welche Zahlen du einsetzen musst, damit die Gleichungen stimmen?

Tipp: Trage die Zahlen, die du herausfindest, direkt ein.

Ein Apfel kostet 20 Cent.
Welches Lama kann sich einen Apfel kaufen?
Male an.

Wusstest du, dass 1 Euro = 100 Cent sind?

Ina Investa, die Geldexpertin in der Lamaherde

Ja

Nein

__ Euro __ Cent

Ja

Nein

__ Euro __ Cent

Ja

Nein

__ Euro __ Cent

Ja

Nein

__ Euro __ Cent

Ja

Nein

__ Euro __ Cent

Ja

Nein

__ Euro __ Cent

Male die Lieblingsformen der Lamas in ihrer Fellfarbe an.

MEIN SCHULJAHR

Umkreise und schreibe

Mein erstes Schuljahr war ________________________.

Meine Lieblingslehrerin oder mein Lieblingslehrer heißt ________________.

Meine besten Freunde und Freundinnen sind ________________________

________________________.

Das hat mir an diesem Schuljahr ...

... am besten gefallen:

... nicht so gut gefallen:

Besonders stolz bin ich auf

____

________________________.

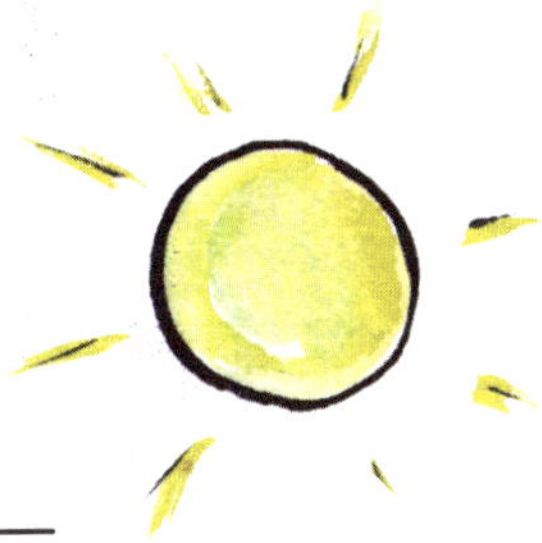

In den Ferien möchte ich unbedingt

____

________________________.

WELCHES LAMA BIST DU?

Ha! Jetzt kommt die Stunde der Wahrheit.
Welches Lama bist du?

Zähle alle Seiten, die du bearbeitet hast, oder schaue auf der ersten Seite, wie viele Lama-Kreise du ausgemalt hast.

Finde dann mithilfe deiner Punktzahl dein Lama …

Ich habe ☐ Seiten gelöst und bin ein

- ☐ 0–12: Sleepy Lama
- ☐ 13–22: Pupsi Lama
- ☐ 23–32: Hippie Lama
- ☐ 33–42: Rechen Lama
- ☐ 43–53: Rockstar Lama
- ☐ 54 und mehr: COOLLAMA

Und wenn du wissen willst, wie dein Lama aussieht und wie viel Pupskraft es hat, besuche www.coollama.de/hall-of-fart.

Dein COOLLAMA

WAS PASST?

Seite 3

Immer 3 passen zusammen. Verbinde.

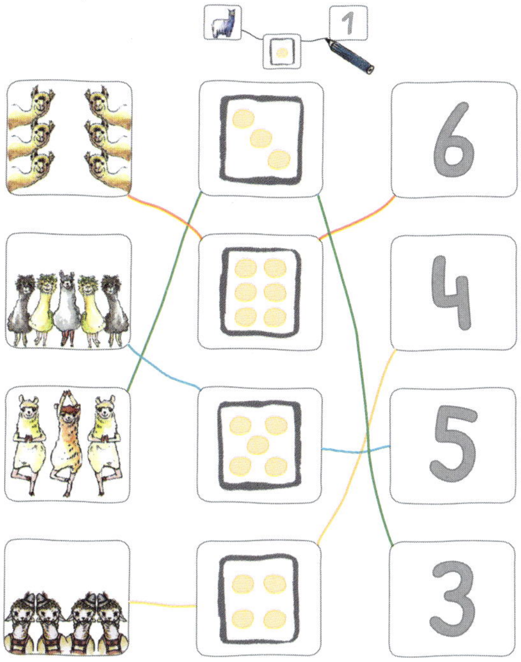

AUF DER KOPPEL

Seite 4

1. Male die passende Anzahl Köttel.

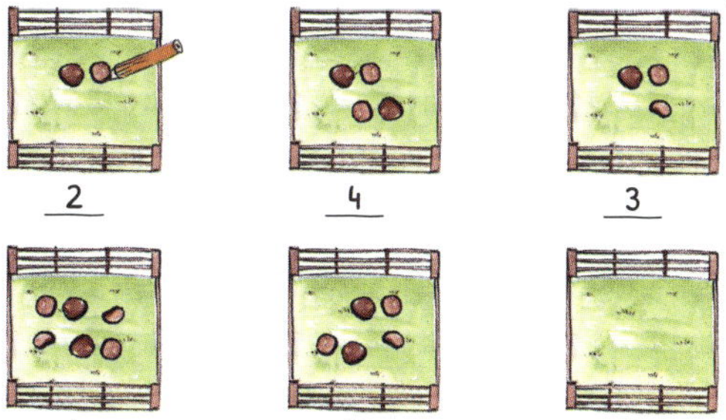

2 | 4 | 3
6 | 5 | 0

2. Welche Zahl wird gezeigt? Kreise ein.

2 (3) 4 | 3 5 (4) | (1) 3 2
5 (6) 3 | (2) 3 4 | 4 6 (5)

DIE ZAHL 4

Seite 5

Das Ergebnis ist immer 4. Fülle die Lücken.

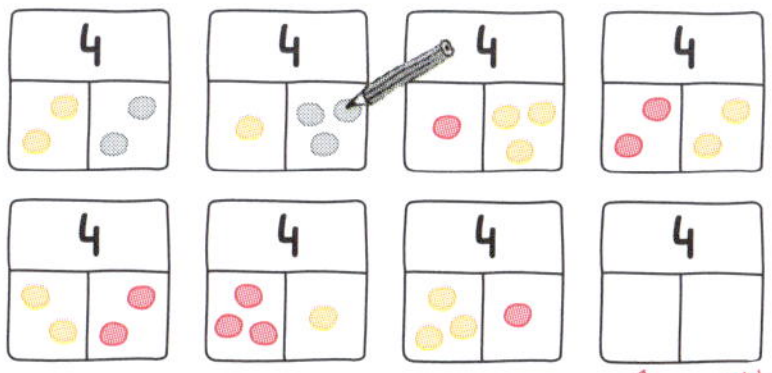

Hier gibt es viele Möglichkeiten.

Male die Buchstaben in deiner Lieblingsfarbe an.

VIER

2	+	2
2	+	2
1	+	3
3	+	1
4	+	0
0	+	4

4 =

Für digitalen Rechenspaß rund um die Zahl 4 gehe zu: www.coollama.de/zahl4

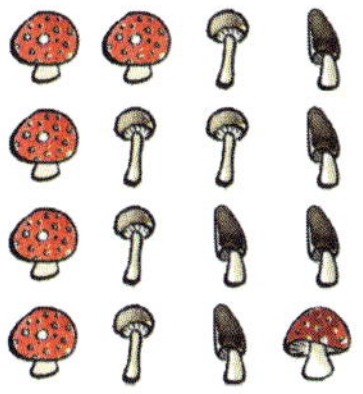

4 = = 2 + 1 + 1
4 = = 1 + 2 + 1
4 = = 1 + 1 + 2
4 = = 1 + 1 + 1 + 1

DIE ZAHL 5

Seite 6

Das Ergebnis ist immer 5. Fülle die Lücken.

Hier gibt es viele Möglichkeiten.

Male die Buchstaben in deiner Lieblingsfarbe an.

FÜNF

4	+	1
1	+	4
2	+	3
3	+	2
5	+	0
0	+	5

5 =

Für digitalen Rechenspaß rund um die Zahl 5 gehe zu: www.coollama.de/zahl5

5 = = 2 + 2 + 1
5 = = 1 + 2 + 2
5 = = 2 + 1 + 2
5 = = 3 + 1 + 1
5 = = 1 + 1 + 1 + 1 + 1

HAUSAUFGABEN

Hilf den Lamas bei ihren Hausaufgaben.

3 = 2 + 1
3 = 1 + 2
3 = 1 + 1 + 1

4 = 2 + 2
4 = 1 + 2 + 1
4 = 2 + 1 + 1
4 = 1 + 1 + 1 + 1

5 = 3 + 2
5 = 3 + 1 + 1
5 = 2 + 1 + 1 + 1
5 = 1 + 1 + 1 + 1 + 1

DIE ZAHL 6

Das Ergebnis ist immer 6. Fülle die Lücken.

6 | 6 | 6 | 6
6 | 6 | 6 | 6

Male die Buchstaben in deiner Lieblingsfarbe an.

SECHS

Für digitalen Rechenspaß rund um die Zahl 6 gehe zu: www.coollama.de/zahl6

Hier gibt es viele Möglichkeiten.

6 =
5 + 1
1 + 5
3 + 3
2 + 4
4 + 2
0 + 6

6 = = 2 + 2 + 2
6 = = 3 + 1 + 2
6 = = 1 + 1 + 4
6 = = 3 + 1 + 1 + 1
6 = = 2 + 1 + 2 + 1

TAUSCHAUFGABEN

COOLER RECHENTRICK

1 + 4 = 5
4 + 1 = 5

Die Zahlen werden getauscht, das Ergebnis bleibt gleich!

Mia Mathe, Fan von Sonnenbrillen und Rechentricks

1. Rechne mit dem Tauschtrick.

4: 1 + 3, 3 + 1
5: 2 + 3, 3 + 2
6: 4 + 2, 2 + 4

2. Und nochmal.

1 + 5 = 6, 5 + 1 = 6
3 + 2 = 5, 2 + 3 = 5
4 + 1 = 5, 1 + 4 = 5
2 + 2 = 4, 2 + 2 = 4

3. Verbinde Aufgabe und Tauschaufgabe. Löse dann beide.

1 + 5 = 6 — 5 + 1 = 6
2 + 4 = 6 — 4 + 2 = 6
2 + 1 = 3 — 1 + 2 = 3

REGENBOGEN-RECHNEN

1. Fülle die Lücken.

6: 5 + 1, 1 + 5, 4 + 2, 2 + 4, 2 + 2 + 2, 3 + 1 + 2, 1 + 1 + 4
5: 3 + 2, 2 + 3, 4 + 1, 1 + 4, 2 + 2 + 1, 3 + 1 + 1, 4 + 1 + 0
4: 1 + 3, 3 + 1, 2 + 2, 2 + 1 + 1, 1 + 1 + 2
3: 1 + 2, 2 + 1, 1 + 1 + 1, 2 + 1 + 0
2: 1 + 1, 2 + 0, 0 + 2

2. Rechne.

4 + 1 = 5, 1 + 4 = 5
2 + 3 = 5, 3 + 2 = 5
1 + 3 = 4, 3 + 1 = 4
2 + 4 = 6, 4 + 2 = 6
5 + 1 = 6, 1 + 5 = 6
6 + 0 = 6, 0 + 6 = 6

RECHENTABELLEN

1. Die Lamas haben sich Rechentabellen ausgedacht. Löse sie.

Addiere die blauen und die roten Zahlen im Kopf, so wie du es hier siehst.

+	1	2
3	3+1	3+2
4	4+1	4+2

Trage dann die Ergebnisse ein.

+	1	2
3	4	5
4	5	6

+	1	1
2	3	3
2	3	3

+	2	2
2	4	4
2	4	4

+	2	4
2	4	6
1	3	5

+	1	3
3	4	6
2	3	5

+	1	5
1	2	6
0	1	5

+	3	3
3	6	6
3	6	6

+	2	1
4	6	5
3	5	4

+	4	2
1	5	3
2	6	4

2. Erfinde deine eigenen Rechentabellen. Hier gibt es viele Möglichkeiten.

+		

LAMA-LABYRINTH

Die ersten sechs Zahlen sind geschafft! Jetzt erstmal etwas Süßes. Findest du den Weg durch das Lama-Labyrinth?

Gaudi, das Spaß-Lama der Truppe und zuständig für lustige Projekte

Los geht's!

DIE ZAHL 7

1. Das Ergebnis ist immer 7. Fülle die Lücken.

7		7		7		7	
5	2	4	3	1	6	2	5
0	7	6	1	3	4		

Hier gibt es viele Möglichkeiten.

3 + 4
4 + 3
5 + 2
2 + 5
6 + 1
3 + 1 + 3
2 + 3 + 2
5 + 1 + 1
= 7

Male die Buchstaben in deiner Lieblingsfarbe an.

SIEBEN

Für digitalen Rechenspaß rund um die Zahl 7 gehe zu: www.coollama.de/zahl7

2. Rechne. Male Tauschaufgaben mit der gleichen Farbe an.

7 = 2 + 5, 3 + 4, 4 + 3, 5 + 2, 6 + 1, 1 + 6

DIE ZAHL 8

1. Das Ergebnis ist immer 8. Fülle die Lücken.

8		8		8		8	
4	4	3	5	8	0	7	1
3	5	4	4	2	6		

Hier gibt es viele Möglichkeiten.

Male die Buchstaben in deiner Lieblingsfarbe an.

ACHT

Für digitalen Rechenspaß rund um die Zahl 8 gehe zu: www.coollama.de/zahl8

2 + 6
6 + 2
4 + 4
1 + 7
3 + 5
4 + 1 + 3
3 + 3 + 2
6 + 1 + 1
= 8

2. Rechne. Male Tauschaufgaben mit der gleichen Farbe an.

8 = 3 + 5, 7 + 1, 6 + 2, 5 + 3, 1 + 7, 2 + 6

LAMA KUNTERBUNT

Seite 15

Löse die Aufgaben und male Lama Kunterbunt in den entsprechenden Farben an.

- = 1, 6 oder 9
- = 2
- = 3
- = 4
- = 5
- = 7
- = 8
- = 10

DIE ZAHL 9

Seite 16

1. Das Ergebnis ist immer 9. Fülle die Lücken.

9	9	9	9
5 4	7 2	6 3	3 6

9	9	9	9
1 8	7 2	4 5	

Hier gibt es viele Möglichkeiten.

Male die Buchstaben in deiner Lieblingsfarbe an.

NEUN

Für digitalen Rechenspaß rund um die Zahl 9 gehe zu: www.coollama.de/zahl9

1 + 8
8 + 1
2 + 7
7 + 2
6 + 3
5 + 2 + 2
4 + 2 + 3
7 + 1 + 1

= 9

2. Rechne. Male Tauschaufgaben mit der gleichen Farbe an.

NACHBARAUFGABEN

Seite 17

COOLER RECHENTRICK

2 + 2 = 4 → 2 + 3 = 5 (Eins mehr!)

2 + 2 = 4 → 2 + 1 = 3 (Eins weniger!)

Es verändert sich immer die blaue Zahl und mit ihr genauso das Ergebnis.

1. Rechne mit dem Trick!

4 + 2 = 6	3 + 1 = 4	2 + 1 = 3	5 + 3 = 8
4 + 3 = 7	3 + 2 = 5	2 + 2 = 4	5 + 4 = 9
5 + 2 = 7	4 + 4 = 8	4 + 3 = 7	7 + 2 = 9
5 + 1 = 6	3 + 4 = 7	5 + 3 = 8	8 + 2 = 10

2. Verbinde jede Aufgabe mit ihrer Nachbaraufgabe und löse dann beide.

6 + 1 = 7	5 + 5 = 10	7 + 2 = 9	3 + 3 = 6
6 + 2 = 8	3 + 2 = 5	7 + 3 = 10	5 + 4 = 9

FRESSI-LAMA

Seite 18

1. Fressi-Lama liebt Blätter! Zähle die Zahlen der gleichen Blätter zusammen und rechne aus.

2 + 5 = 7	3 + 2 = 5	5 + 4 = 9
8 + 2 = 10	3 + 6 = 9	4 + 3 = 7

2. Finde eine Nachbaraufgabe der Aufgaben.

Hier gibt es viele verschiedene Lösungen! Wir zeigen dir nur je ein Beispiel.

2 + 5 = 7	3 + 2 = 5	5 + 4 = 9
2 + 6 = 8	3 + 1 = 4	5 + 3 = 8
8 + 2 = 10	3 + 6 = 9	4 + 3 = 7
8 + 1 = 9	4 + 6 = 10	4 + 2 = 6

3. Rechne.

4 + 1 = 5	5 + 2 = 7	7 + 3 = 10
5 + 1 = 6	6 + 2 = 8	7 + 2 = 9
4 + 3 = 7	8 + 2 = 10	5 + 1 = 6
5 + 3 = 8	8 + 1 = 9	4 + 1 = 5

1. Das Ergebnis ist immer 10. Fülle die Lücken.

10		10		10		10	
7	3	4	6	5	5	8	2
10		**10**		**10**		**10**	
9	1	0	10	2	8		

Hier gibt es viele Möglichkeiten.

6 + 4
5 + 5
4 + 6
3 + 7
5 + 3 + 2
4 + 3 + 3
8 + 1 + 1
5 + 2 + 2 + 1
= 10

Male die Buchstaben in deiner Lieblingsfarbe an.

ZEHN

Für digitalen Rechenspaß rund um die Zahl 10 gehe zu: www.coollama.de/zahl10

2. Rechne. Male Tauschaufgaben mit der gleichen Farbe an.

10 = 5 + 5 | 8 + 2 | 6 + 4 | 5 + 5 | 4 + 6 | 2 + 8

Rechne und verdiene dir einen Ehrenköttel.
Du schaffst das!

meine erreichten Punkte

1. 1 + 3 = 4 | 2 + 2 = 4 | 2 + 4 = 6 — von 9

2. 5 + 2 = 7, 2 + 5 = 7 | 5 + 3 = 8, 3 + 5 = 8 | 8 + 2 = 10, 2 + 8 = 10 | 4 + 3 = 7, 3 + 4 = 7 — von 8

3. 1 + 2 = 3, 1 + 3 = 4, 1 + 4 = 5 | 4 + 1 = 5, 4 + 2 = 6, 4 + 3 = 7 | 6 + 2 = 8, 7 + 2 = 9, 8 + 2 = 10 | 5 + 5 = 10, 5 + 4 = 9, 5 + 3 = 8 — von 12

4.

4		6		9		10	
1	3	3	3	5	4	7	3
1	3	2	4	7	2	4	6
2	2	0	6	6	3	5	5

von 12

5. 5 = 3 + 1 + 1, 8 = 3 + 2 + 3 | 6 = 2 + 2 + 2, 9 = 6 + 2 + 1 | 7 = 2 + 4 + 1, 10 = 3 + 6 + 1 — von 6

6. Quizfrage: Woran leiden Luftballons? An Platzangst! — von 1

Vergleiche mit deinen Ergebnissen und zähle deine Punkte zusammen.

22–30 Punkte | 31–39 Punkte | 40–48 Punkte

1. Lami räumt den Lamahof auf und fegt einige der Köttel weg. Wie viele bleiben?

3 − 1 = 2 | 3 − 2 = 1 | 3 − 3 = 0
4 − 1 = 3 | 4 − 2 = 2 | 4 − 3 = 1 | 4 − 4 = 0
5 − 2 = 3 | 5 − 3 = 2 | 5 − 1 = 4 | 5 − 4 = 1
6 − 3 = 3 | 6 − 5 = 1 | 6 − 2 = 4 | 6 − 6 = 0

2. Rechne. Ein paar der Aufgaben sind nicht lösbar. Weißt du warum?

Die erste Zahl ist kleiner als die zweite Zahl!

1 − 1 = 0	1 − 2 = (Lama)	1 − 3 = (Lama)
2 − 1 = 1	2 − 2 = 0	2 − 3 = (Lama)
3 − 1 = 2	3 − 2 = 1	3 − 3 = 0
4 − 1 = 3	4 − 2 = 2	4 − 3 = 1
5 − 1 = 4	5 − 2 = 3	5 − 3 = 2
6 − 1 = 5	6 − 2 = 4	6 − 3 = 3

Möchtest du online weiterüben? www.coollama.de/sub10

1. Wer kann besser rechnen? Kontrolliere und male die richtige Antwort grün an.

6 − 2 =	4 (grün)	8
7 − 3 =	3	4 (grün)
8 − 5 =	3 (grün)	4
9 − 4 =	4	5 (grün)
10 − 3 =	7 (grün)	6

2. Finale im Rechenwettbewerb! Hilf den Lamas und umkreise die richtigen Ergebnisse.

10 − 4 =	(6)	4	6 − 1 =	3	(5)	10 − 2 =	(8)	7
10 − 5 =	(5)	6	6 − 2 =	(4)	3	9 − 2 =	8	(7)
10 − 6 =	6	(4)	6 − 3 =	(3)	2	8 − 2 =	(6)	4
10 − 7 =	(3)	2	6 − 4 =	4	(2)	7 − 2 =	(5)	9
10 − 8 =	(2)	3	6 − 5 =	(1)	0	6 − 2 =	(4)	8

Seite 24 – RECHENRÄTSEL

Wie ist das Wetter auf der Lamaweide? Rechne die Aufgaben und finde es heraus.

1. Löse alle Aufgaben.

5+3	10−6	5+5	8+2	9−2	4+6
8	4	10	10	7	10
S	O	N	N	E	N –

3. Trage die passenden Buchstaben ein und entziffere die Lösung!

10−2	9−4	2+4	4+3	8−5	7+3
8	5	6	7	3	10
S	C	H	E	I	N

2. Welches Ergebnis steht für welchen Buchstaben?

10	7	5	6	4	3	8
N	E	C	H	O	I	S

VERLIEBTE ZAHLEN – Seite 25

1. Verliebte Zahlen ergeben zusammen immer 10. Ergänze.

9 1 · 8 2 · 7 3 · 6 4 · 5 5 · 4 6 · 3 7 · 2 8 · 1 9

2. Male die verliebten Zahlen in der gleichen Farbe an.

8 · 4 · 7 · 6 · 0 · 1 · 10 · 5 · 9 · 2 · 5 · 3

3. Umkreise die verliebte Zahl.

Zahl	Auswahl	Lösung
7	5, 2, 3	3
4	7, 6, 5	6
9	1, 0, 2	1

4. Ergänze.

8 ♥ 2	3 ♥ 7	10 ♥ 0
6 ♥ 4	1 ♥ 9	3 ♥ 7
7 ♥ 3	4 ♥ 6	1 ♥ 9

Seite 26 – UMKEHRAUFGABEN

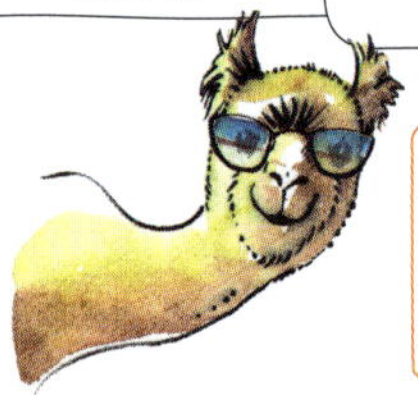

COOLER RECHENTRICK

10 − 2 = 8
8 + 2 = 10

6 + 4 = 10
10 − 4 = 6

Schwups, ich mache meine Rechnung wieder rückgängig!

1. Rechne mit dem Trick.

4 + 2 = 6 6 − 2 = 4	7 + 2 = 9 9 − 2 = 7	2 − 1 = 1 1 + 1 = 2	8 − 3 = 5 5 + 3 = 8
7 + 3 = 10 10 − 3 = 7	6 − 4 = 2 2 + 4 = 6	5 + 3 = 8 8 − 3 = 5	7 − 5 = 2 2 + 5 = 7

2. Mit Umkehraufgaben kannst du auch gut Aufgaben kontrollieren!

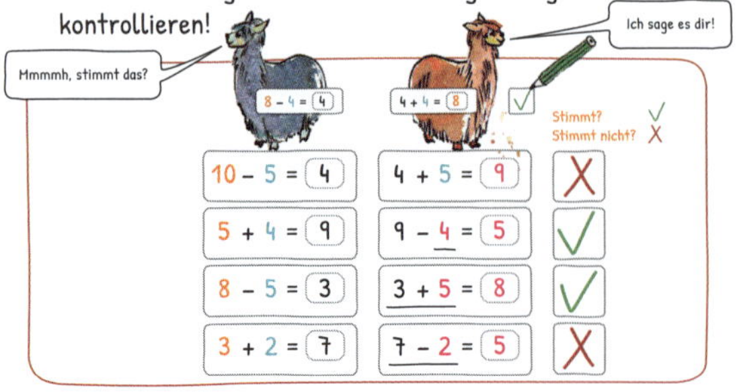

Stimmt? ✓
Stimmt nicht? X

Aufgabe	Umkehraufgabe	
10 − 5 = 4	4 + 5 = 9	X
5 + 4 = 9	9 − 4 = 5	✓
8 − 5 = 3	3 + 5 = 8	✓
3 + 2 = 7	7 − 2 = 5	X

MATHE-YOGA – Seite 27

1. Die Zahlen in den beiden äußeren Kreisen ergeben zusammen die Zahl in der Mitte. Fülle die Lücken.

5 + 2 = 7

Mitte 7		Mitte 6		Mitte 10		Mitte 8		Mitte 9	
innen	außen	innen	außen	innen	außen	innen	außen	innen	außen
6	1	0	6	3	7	2	6	7	2
1	6	3	3	2	8	1	7	1	8
2	5	4	2	5	5	6	2	4	5
4	3	1	5	6	4	5	3	5	4
5	2	2	4	7	3	3	5	3	6
0	7	3	3	9	1	7	1	9	0
5	2	6	0	8	2	0	8	2	7
4	3	5	1	10	0	4	4	8	1

2. Die Zahlen der zwei unteren Steine ergeben zusammen die Zahl des Steines darüber. Fülle die Lücken.

Oben	Mitte	Unten
9		7, 2
7		3, 4
7	3, 4	1, 2, 2
7		2, 5
10		5, 5
5		2, 3
9		6, 3
10		8, 2
9		4, 5
7		5, 2
7	3, 4	2, 1, 3

Seite 28 — GRÖSSER, KLEINER, GLEICH

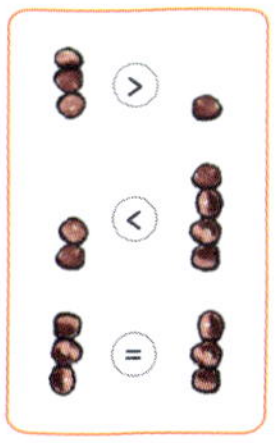

1. Größer, kleiner, gleich? Ergänze die Zeichen.

5 = 5	7 < 9	2 > 1
1 < 3	3 < 4	4 < 5
0 < 6	5 > 3	10 > 0
9 > 4	9 > 8	8 > 6
8 > 7	6 < 8	7 = 7
4 = 4	7 < 10	2 < 8

2. Rechne und ergänze.

8 + 1 = 9 > 8	8 + 0 = 8 = 8
4 + 3 = 7 = 7	5 + 4 = 9 > 7
5 + 5 = 10 > 7	6 + 3 = 9 > 6
2 + 1 = 3 < 5	2 + 2 = 4 < 5
4 + 2 = 6 > 4	3 + 1 = 4 > 2

VOLLGAS — Seite 29

1. Mit Vollgas durch die Zahlenmauern! Rechne.

- 8 / 4 4
- 8 / 1 7
- 8 / 4 4 / 2 2 2
- 7 / 3 4
- 10 / 7 3
- 10 / 4 6
- 9 / 2 7
- 9 / 3 6
- 5 / 2 3
- 8 / 5 3
- 10 / 5 5 / 3 2 3

2. Jede Seite eines Kötteldreiecks soll immer 10 ergeben. Ergänze.

5 + 1 + 4 = 10

Spitze	links	rechts	unten links	unten Mitte	unten rechts
5	1	2	4	3	3
6	3	2	1	7	2
4	4	1	2	3	5
3	2	3	5	1	4
7	3	1	0	8	2
6	2	1	2	5	3
8	0	1	2	7	1
10	0	0	0	10	0
3	4	4	3	4	3
7	1	2	2	7	1
5	0	3	5	3	2
2	1	6	7	1	2

Seite 30 — PROFESSOR PROTZI PRÜFT

Rechne und verdiene dir einen Ehrenköttel.
Du schaffst das!

meine erreichten Punkte

1. 5 + 2 = 7, 2 + 5 = 7; 6 + 3 = 9, 3 + 6 = 9; 4 + 5 = 9, 5 + 4 = 9; 2 + 8 = 10, 8 + 2 = 10 — von 8
2. 8 − 5 = 3, 8 − 4 = 4; 4 + 4 = 8, 4 + 5 = 9; 9 − 6 = 3, 9 − 5 = 4; 8 − 2 = 6, 8 − 3 = 5 — von 8
3. 3 + 2 = 5, 5 − 2 = 3; 7 + 2 = 9, 9 − 2 = 7; 4 + 3 = 7, 7 − 3 = 4; 8 + 2 = 10, 10 − 2 = 8 — von 8
4. 1 | 9, 9 | 1, 7 | 3, 0 | 10, 4 | 6, 5 | 5, 8 | 2 — von 7
5. 8 / 5 3; 9 / 7 2; 8 / 4 4; 6 / 4 2 — von 4
6. 5 + 2 = 7, 7 − 4 = 3; 3 + 7 = 10, 10 − 4 = 6; 6 + 1 = 7, 8 − 5 = 3; 9 − 3 = 6, 6 − 5 = 1 — von 8
7. Quizfrage: Welcher Hund mag keinen Knochen? Der Seehund. — von 1

Vergleiche mit deinen Ergebnissen und zähle deine Punkte zusammen.

18–26 Punkte | 27–35 Punkte | 36–44 Punkte

LAMA-LUPE — Seite 31

Entdeckst du, welche Bildausschnitte hier durch die große Lama-Lupe angesehen werden? Kreise ein.

Seite 32 — NACHBAR-LAMAS

0 1 2 3 4 5 6 7 8 9 10 11 12 13 14 15 16 17 18 19 20

Der Zahlenstrahl hilft dir bei den Aufgaben!

1. Kennst du unsere Nachbarzahlen?

Vorgänger	Zahl	Nachfolger
1	2	3
5	6	7
9	10	11
11	12	13

Vorgänger	Zahl	Nachfolger
7	8	9
10	11	12
15	16	17
18	19	20

2. Ergänze die Köttelreihen.

11 – 12 – 13 – 14 – 15 – 16 – 17 – 18 – 19 – 20

5 – 6 – 7 – 8 – 9 – 10 – 11 – 12 – 13 – 14

2 – 4 – 6 – 8 – 10 – 12 – 14 – 16 – 18 – 20

19 – 18 – 17 – 16 – 15 – 14 – 13 – 12 – 11 – 10

Seite 33 — APFELERNTE

1. Billi liebt Äpfel. Wie viele hat er vom Baum gepflückt? Rechne.

10 + 1 = 11

10 + 3 = 13

10 + 4 = 14

10 + 6 = 16

10 + 5 = 15

10 + 8 = 18

2. Erkennst du das Muster der Rechentürme? Rechne.

10 + 1 = 11	20 = 10 + 10	11 − 1 = 10
10 + 2 = 12	19 = 10 + 9	12 − 2 = 10
10 + 3 = 13	18 = 10 + 8	13 − 3 = 10
10 + 4 = 14	17 = 10 + 7	14 − 4 = 10
10 + 5 = 15	16 = 10 + 6	15 − 5 = 10
10 + 6 = 16	15 = 10 + 5	16 − 6 = 10
10 + 7 = 17	14 = 10 + 4	17 − 7 = 10
10 + 8 = 18	13 = 10 + 3	18 − 8 = 10
10 + 9 = 19	12 = 10 + 2	19 − 9 = 10
10 + 10 = 20	11 = 10 + 1	20 − 10 = 10

Seite 34 — VERWANDTE AUFGABEN

COOLER RECHENTRICK

2 + 1 = 3 2 − 1 = 1

12 + 1 = 13 12 − 1 = 11

Die sehen sich aber ähnlich. Sind die verwandt?! Ja!

1. Die kleine Aufgabe hilft bei der großen Aufgabe. Rechne mit dem Trick.

4 + 1 = 5	6 + 3 = 9	7 + 2 = 9	3 + 4 = 7
14 + 1 = 15	16 + 3 = 19	17 + 2 = 19	13 + 4 = 17
7 − 4 = 3	5 − 2 = 3	8 − 3 = 5	9 − 6 = 3
17 − 4 = 13	15 − 2 = 13	18 − 3 = 15	19 − 6 = 13

2. Verbinde die kleine mit der großen Aufgabe und löse dann beide.

6 − 1 = 5	4 + 5 = 9	7 − 5 = 2	8 + 1 = 9
14 + 5 = 19	17 − 5 = 12	16 − 1 = 15	18 + 1 = 19

Seite 35 — HÜRDENLAUF

Erst wenn die Hürden ausgerechnet sind, dürfen die Lamas darüber hinwegspringen. Hilf allen über die Ziellinie!

START

2 + 2 = 4	7 − 3 = 4	3 + 3 = 6
12 + 2 = 14	17 − 3 = 14	13 + 3 = 16
4 + 4 = 8	4 − 3 = 1	8 + 1 = 9
14 + 4 = 18	14 − 3 = 11	18 + 1 = 19
7 + 1 = 8	9 − 4 = 5	5 + 3 = 8
17 + 1 = 18	19 − 4 = 15	15 + 3 = 18
2 + 4 = 6	7 − 6 = 1	5 + 2 = 7
12 + 4 = 16	17 − 6 = 11	15 + 2 = 17
5 + 4 = 9	8 − 5 = 3	6 + 2 = 8
15 + 4 = 19	18 − 5 = 13	16 + 2 = 18
3 + 6 = 9	3 − 2 = 1	3 + 2 = 5
13 + 6 = 19	13 − 2 = 11	13 + 2 = 15

ZIEL

Seite 36 – ERST BIS ZUR 10

1. Rechne erst bis zur 10. Dann wird der Rest addiert.

7 + 5 = 12	9 + 4 = 13	5 + 6 = 11
7 + 3 + 2 = 12	9 + 1 + 3 = 13	5 + 5 + 1 = 11
6 + 6 = 12	8 + 7 = 15	7 + 8 = 15
6 + 4 + 2 = 12	8 + 2 + 5 = 15	7 + 3 + 5 = 15
5 + 8 = 13	7 + 7 = 14	9 + 2 = 11
5 + 5 + 3 = 13	7 + 3 + 4 = 14	9 + 1 + 1 = 11

Erinnerst du dich? Verliebte Zahlen ergeben zusammen immer 10!

2. Hier darfst du außerdem nach jeder Rechnung ein passendes Ergebnisfeld ausmalen.

4 + 8 = 12	6 + 8 = 14
4 + 6 + 2 = 12	6 + 4 + 4 = 14
9 + 9 = 18	7 + 6 = 13
9 + 1 + 8 = 18	7 + 3 + 3 = 13
4 + 7 = 11	9 + 7 = 16
4 + 6 + 1 = 11	9 + 1 + 6 = 16
8 + 3 = 11	7 + 5 = 12
8 + 2 + 1 = 11	7 + 3 + 2 = 12
6 + 9 = 15	9 + 3 = 12
6 + 4 + 5 = 15	9 + 1 + 2 = 12
5 + 8 = 13	7 + 6 = 13
5 + 5 + 3 = 13	7 + 3 + 3 = 13

PLUS-POWER – Seite 37

1. Weiter geht's mit voller Plus-Power!
Rechne wieder erst zur 10, dann weiter.

9 + 7 = 16	3 + 8 = 11	7 + 9 = 16
9 + 1 + 6 = 16	3 + 7 + 1 = 11	7 + 3 + 6 = 16
6 + 5 = 11	8 + 8 = 16	4 + 9 = 13
6 + 4 + 1 = 11	8 + 2 + 6 = 16	4 + 6 + 3 = 13
6 + 7 = 13	9 + 8 = 17	9 + 9 = 18
6 + 4 + 3 = 13	9 + 1 + 7 = 17	9 + 1 + 8 = 18

2. Die Nachbaraufgaben helfen dir über den Zehner.

6 + 3 = 9	7 + 2 = 9	8 + 1 = 9	9 + 0 = 9
6 + 4 = 10	7 + 3 = 10	8 + 2 = 10	9 + 1 = 10
6 + 5 = 11	7 + 4 = 11	8 + 3 = 11	9 + 2 = 11
6 + 6 = 12	7 + 5 = 12	8 + 4 = 12	9 + 3 = 12
6 + 7 = 13	7 + 6 = 13	8 + 5 = 13	9 + 4 = 13
6 + 8 = 14	7 + 7 = 14	8 + 6 = 14	9 + 5 = 14
6 + 9 = 15	7 + 8 = 15	8 + 7 = 15	9 + 6 = 15
6 + 10 = 16	7 + 9 = 16	8 + 8 = 16	9 + 7 = 16

Seite 38 – ERST ZURÜCK ZUR 10

1. Stop! Rechne erst zurück zur 10.
Dann wird der Rest abgezogen.

12 − 5 = 7	11 − 4 = 7
12 − 2 − 3 = 7	11 − 1 − 3 = 7
14 − 6 = 8	13 − 5 = 8
14 − 4 − 2 = 8	13 − 3 − 2 = 8
16 − 9 = 7	15 − 8 = 7
16 − 6 − 3 = 7	15 − 5 − 3 = 7

2. Weiter geht's! Nach jeder Rechnung darfst du dem Lama mit passender Ergebniszahl einen Namen geben.

14 − 8 = 14 − 4 − 4 = 6
16 − 8 = 16 − 6 − 2 = 8
11 − 8 = 11 − 1 − 7 = 3
13 − 9 = 13 − 3 − 6 = 4
18 − 9 = 18 − 8 − 1 = 9
14 − 7 = 14 − 4 − 3 = 7
14 − 9 = 14 − 4 − 5 = 5
11 − 9 = 11 − 1 − 8 = 2
11 − 10 = 11 − 1 − 9 = 1

Na, wie hast du die Lamas genannt?

MINUS-MISSION – Seite 39

1. Mit Vollgas geht's durch diese Minus-Mission!
Rechne wieder erst zurück zur 10, dann weiter.

15 − 7 = 8	17 − 8 = 9	17 − 9 = 8
15 − 5 − 2 = 8	17 − 7 − 1 = 9	17 − 7 − 2 = 8
16 − 7 = 9	18 − 10 = 8	14 − 5 = 9
16 − 6 − 1 = 9	18 − 8 − 2 = 8	14 − 4 − 1 = 9
13 − 7 = 6	14 − 8 = 6	12 − 9 = 3
13 − 3 − 4 = 6	14 − 4 − 4 = 6	12 − 2 − 7 = 3

2. Die Nachbaraufgaben helfen dir auch hier beim Zehnerübergang. Rechne.

12 − 1 = 11	13 − 2 = 11	14 − 3 = 11	15 − 4 = 11
12 − 2 = 10	13 − 3 = 10	14 − 4 = 10	15 − 5 = 10
12 − 3 = 9	13 − 4 = 9	14 − 5 = 9	15 − 6 = 9
12 − 4 = 8	13 − 5 = 8	14 − 6 = 8	15 − 7 = 8
12 − 5 = 7	13 − 6 = 7	14 − 7 = 7	15 − 8 = 7
12 − 6 = 6	13 − 7 = 6	14 − 8 = 6	15 − 9 = 6
12 − 7 = 5	13 − 8 = 5	14 − 9 = 5	15 − 10 = 5
12 − 8 = 4	13 − 9 = 4	14 − 10 = 4	15 − 11 = 4

Seite 40 — WINTEREINBRUCH

Ganz schön kalt im Lama-Gehege! Zum Glück tragen alle einen Schal. Fülle die Lücken.

2+9=11

11	2	7	8	10	9	6	7
	9	4	3	1	2	5	4
12	11	8	5	9	10	7	2
	1	4	7	3	2	5	10
13	10	9	7	10	8	2	1
	3	4	6	3	5	11	12
14	1	5	2	11	8	7	13
	13	9	12	3	6	7	1
15	11	3	9	13	7	10	1
	4	12	6	2	8	5	14
16	12	11	7	10	3	8	14
	4	5	9	6	13	8	2
17	2	9	14	12	13	11	10
	15	8	3	5	4	6	7
18	9	11	15	12	1	14	2
	9	7	3	6	17	4	16
19	4	12	6	11	13	14	1
	15	7	13	8	6	5	18
20	10	15	12	13	9	4	6
	10	5	8	7	11	16	14

LAMA-GEBURTSTAG — Seite 41

1. Von wem ist welches Geschenk? Rechne und verbinde.

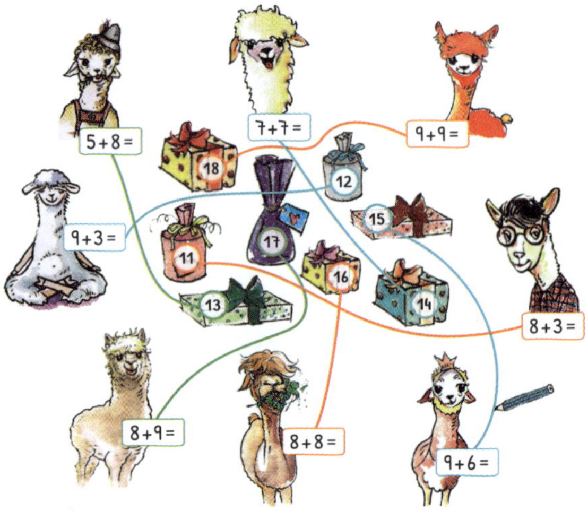

2. Rechne.

6 – 2 = 4
6 – 4 = 2

7 – 5 = 2
7 – 2 = 5

8 – 6 = 2
8 – 2 = 6

9 – 5 = 4
9 – 4 = 5

5 – 3 = 2
15 – 3 = 12

7 – 4 = 3
17 – 4 = 13

6 – 6 = 0
16 – 6 = 10

9 – 3 = 6
19 – 3 = 16

Seite 42 — STROHSTADL

Franzl ist sich unsicher beim Lösen der Strohballen. Hilf ihm.

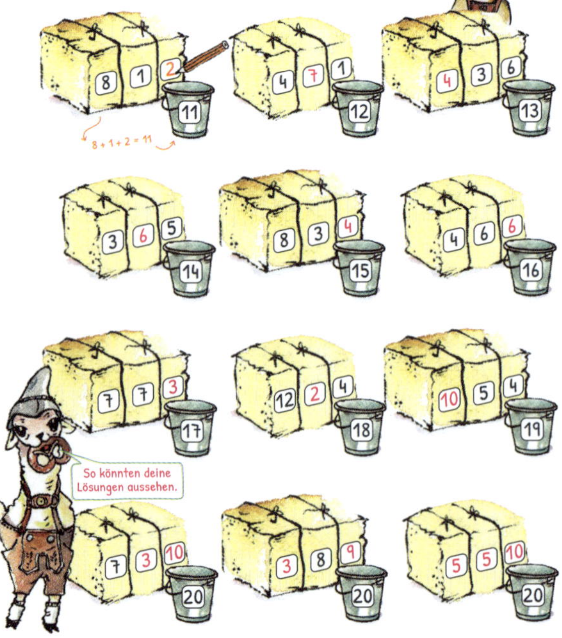

NACHHILFE — Seite 43

Kannst du Franzl auch hier nochmal unter die Arme greifen und die Aufgaben lösen?

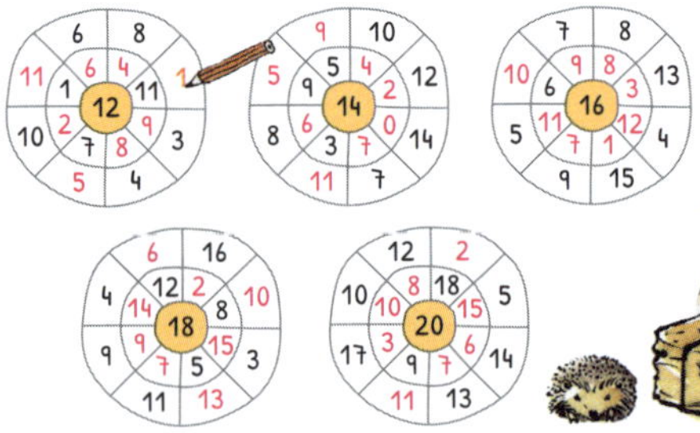

16 / 10 6

17 / 12 5

15 / 2 13

20 / 7 13

14 / 9 5

14 / 8 6

19 / 7 12

11 / 6 5

18 / 12 6 / 8 4 2

17 / 15 2 / 13 2 0

20 / 10 10 / 6 4 6

20 / 5 15 / 2 3 12

4 – 3 = 1
14 – 13 = 1

5 – 2 = 3
15 – 12 = 3

8 – 5 = 3
18 – 15 = 3

7 – 4 = 3
17 – 14 = 3

FANG DEN DIEB!

Seite 45

Wer hat Bo Bodys Sportlerfutter gefressen? Rechne und markiere der Reihe nach die Ergebnisfelder.

13	0	19	1	22	3	8	0
8	21	14	3	13	0	19	2
2	20	17	12	2	9	4	1
14	16	19	3	14	3	7	13
15	11	0	1	23	0	18	8
1	14	3	2	19	21	6	0
3	22	0	13	2	8	10	4
0	8	2	0	25	13	19	14

a) 11 + 4 = 15
b) 6 + 5 = 11
c) 8 + 8 = 16
d) 15 + 5 = 20
e) 12 + 5 = 17
f) 14 − 2 = 12

g) 8 − 6 = 2
h) 11 − 2 = 9
i) 9 − 5 = 4
j) 17 − 10 = 7
k) 9 + 9 = 18
l) 13 − 7 = 6

m) 20 − 10 = 10
n) 12 − 8 = 4

PROFESSOR PROTZI PRÜFT

Seite 46

Rechne und verdiene dir einen Ehrenköttel.
Du schaffst das!

meine erreichten Punkte

1.
6 + 3 = 9 | 8 − 5 = 3 | 4 + 5 = 9 | 9 − 7 = 2
16 + 3 = 19 | 18 − 5 = 13 | 14 + 5 = 19 | 19 − 7 = 12
von 8

2.

von 7

3.
7 + 2 = 9 | 9 − 4 = 5 | 8 + 2 = 10 | 4 − 3 = 1
17 + 2 = 19 | 19 − 4 = 15 | 18 + 2 = 20 | 14 − 3 = 11
von 8

4.

von 3

5.
15 + 2 = 17 | 13 + 7 = 20 | 8 + 3 = 11 | 19 − 3 = 16
16 − 4 = 12 | 11 − 3 = 8 | 18 − 5 = 13 | 16 − 7 = 9
8 + 6 = 14 | 9 + 7 = 16 | 11 + 4 = 15 | 17 − 5 = 12
von 12

6. Quizfrage: Welche Brille trägt man nicht auf der Nase?
Die Klobrille.
von 1

Vergleiche mit deinen Ergebnissen und zähle deine Punkte zusammen.

WAS MAG ICH?

Seite 47

Wen oder was mag ich? Suche in der Buchstabenbox nach 10 Wörtern und finde es heraus.

R	X	E	S	S	E	N	U	X	C
R	E	C	H	N	E	N	P	Ö	O
K	T	T	M	A	M	A	L	Z	O
M	L	P	A	P	A	E	X	S	L
A	W	G	H	O	L	F	I	N	L
T	S	R	C	K	E	W	L	Z	A
L	A	C	H	E	N	M	S	J	M
X	W	U	M	I	L	C	H	Ü	A
S	P	I	E	L	E	N	H	K	A
P	R	P	S	Y	L	E	S	E	N

1. ESSEN
2. RECHNEN
3. MAMA
4. PAPA
5. LACHEN
6. MILCH
7. SPIELEN
8. LESEN
9. MALEN
10. COOLLAMA

BRO SCHON WIEDER!

Seite 48

Bro hat einige der Zahlen weggespuckt.
Hilfst du die Lücken zu füllen?

+	4	6
4	8	10
14	18	20

2 + 3 = 5

+	3	4
2	5	6
12	15	16

+	3	4
6	9	10
16	19	20

−	4	7
7	3	0
8	4	1

Achtung, hier geht's weiter mit Minus!
7 − 4 = 3

−	5	4
8	3	4
10	5	6

−	10	8
16	6	8
17	7	9

−	3	9
13	10	4
18	15	9

13 − 7 = 6 | 17 − 9 = 8 | 18 − 10 = 8 | 14 − 5 = 9

FARBENFROH

1. Löse die Aufgaben und male das Bild in den richtigen Farben aus.

14 − 9 = 5   11 − 2 = 9   16 − 8 = 8   12 − 9 = 3
11 − 9 = 2   12 − 6 = 6   13 − 6 = 7   12 − 8 = 4

2. Setze die Aufgabenfolgen fort.

1 + 1 = 2	2 − 1 = 1	12 − 2 = 10	3 + 2 = 5
2 + 2 = 4	4 − 2 = 2	14 − 4 = 10	6 + 2 = 8
3 + 3 = 6	6 − 3 = 3	16 − 6 = 10	9 + 2 = 11
4 + 4 = 8	8 − 4 = 4	18 − 8 = 10	12 + 2 = 14
5 + 5 = 10	10 − 5 = 5	20 − 10 = 10	15 + 2 = 17

DAS KANN ICH GUT

Was kann ich besonders gut?
Rechne und finde es heraus.

5 + 3 = 8
17 − 5 = 12
9 + 6 = 15

Rechne aus.

8 + 3 = 11
12 − 5 = 7
6 + 4 = 10
17 − 7 = 10

5 + 9 = 14
9 − 5 = 4
10 + 10 = 20

16 − 10 = 6
7 + 2 = 9
8 + 4 = 12
20 − 5 = 15
19 − 9 = 10
7 + 2 = 9
3 + 7 = 10

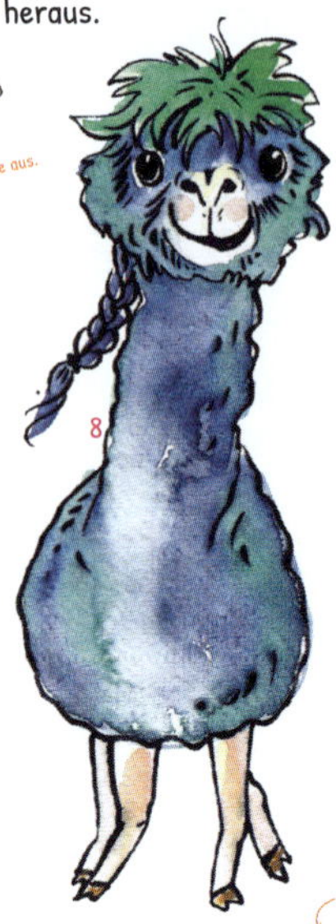

Suche nach dem passenden Buchstaben für dein Ergebnis.

10	N
8	I
11	K
12	C
7	A
15	H
14	G
20	T
6	R
4	U
9	E

Setze die Buchstaben der Reihe nach an die richtige Stelle.

I C H K A N N G U T
R E C H N E N.

WO IST MEINE KOPPEL?

1. Hilf den Lamas und zeige ihnen ihre Koppel.

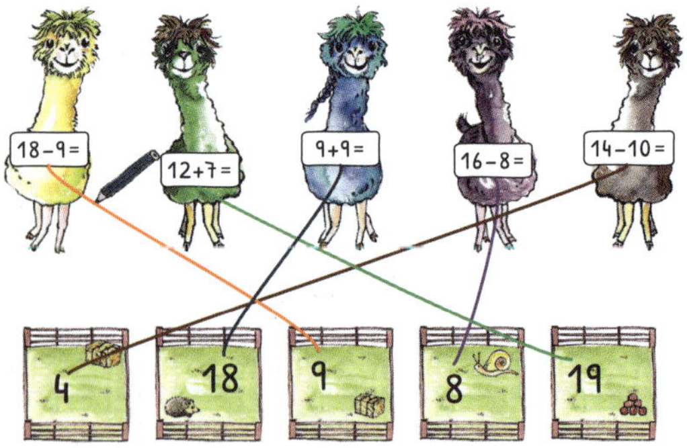

2. Jede Seite eines Kötteldreiecks ergibt 20.
Ergänze.

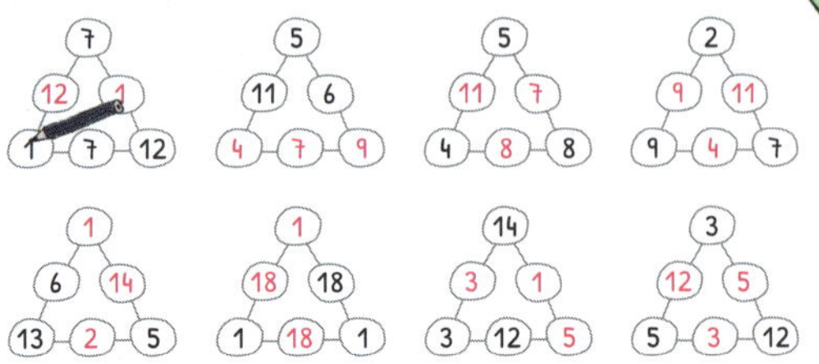

LAMA-FAMILIEN

Beispiel: 10 4 6

4 + 6 = 10
6 + 4 = 10
10 − 6 = 4
10 − 4 = 6

Bilde mit den Zahlen Aufgabenfamilien.

	8 + 2 = 10 2 + 8 = 10 10 − 2 = 8 10 − 8 = 2	3 + 6 = 9 6 + 3 = 9 9 − 3 = 6 9 − 6 = 3
	4 + 3 = 7 3 + 4 = 7 7 − 4 = 3 7 − 3 = 4	5 + 6 = 11 6 + 5 = 11 11 − 6 = 5 11 − 5 = 6
	10 + 5 = 15 5 + 10 = 15 15 − 5 = 10 15 − 10 = 5	6 + 8 = 14 8 + 6 = 14 14 − 6 = 8 14 − 8 = 6

KLASSENFAHRT

Seite 53

Die Lamas sind auf Klassenfahrt und suchen ihre Zimmer. Leider sind ein paar Lamas falsch! Wer hat sich geirrt? Rechne und umkreise.

8 + 4 = 12 17 – 4 = 13 9 + 5 = 14
6 + 5 = 11 20 – 11 = 9 19 – 11 = 8

10 + 10 = 20 9 – 8 = 1 8 + 8 = 16
17 – 13 = 4 15 – 10 = 5 16 – 9 = 7

7 + 8 = 15 17 – 14 = 3 9 + 9 = 18
20 – 4 = 16 19 – 8 = 11 18 – 9 = 9

10 + 9 = 19 9 + 8 = 17 11 + 9 = 20
19 – 12 = 7 12 – 6 = 6 7 + 6 = 13

ÜBER DEN FLUSS

Seite 54

Die Lamas müssen einen Fluss überqueren. Die Brücken sind nur sicher, wenn alle Aufgaben darin ausgerechnet sind. Bringe dein Lama wohlbehalten hinüber.

Zahl	2	3	5	6	8	9	10
Das Doppelte	4	6	10	12	16	18	20

Wenn du die Zahl nicht halbieren kannst, mache ein X!

Zahl	2	4	8	10	7	16	20
Die Hälfte	1	2	4	5	X	8	10

Gerade Zahl	2	4	6	8	10	12	14
Ungerade Zahl	1	3	5	7	9	11	13

1 2 3 4 5 6 7 8 9 10 11 12 13 14

Verteile die Zahlen in die freien Kästchen

RICHTIG ODER FALSCH?

Seite 55

= 5	6
= 4	✓
= 12	✓
= 6	8

1 + 1 + 1 + 1 + 1 + 1
2 3 4 5 6

2 + 2 – 2 + 2 – 2 + 2
4 2 4 2 4

Notiere hier deine Zwischenergebnisse.

1 + 2 + 3 + 1 + 2 + 3
3 6 7 9 12

2 + 4 – 2 + 6 – 4 + 2
6 4 10 6 8

= 20	✓
= 9	✓
= 5	10
= 4	5

1 + 2 + 3 + 4 + 5 + 5
3 6 10 15 20

1 + 2 + 1 + 2 + 1 + 2
3 4 6 7 9

5 + 5 – 5 – 5 + 5 + 5
10 5 0 5 10

20 – 1 – 2 – 3 – 4 – 5
19 17 14 10 5

Die Lamas machen einen Rechenwettbewerb. Die Aufgaben sind richtig schwer. Stimmen die Antworten der Lamas?

= 12	✓
= 20	✓
= 6	✓
= 10	✓

2 + 2 + 2 + 2 + 2 + 2
4 6 8 10 12

10 + 10 – 10 + 10 – 10 + 10
20 10 20 10 20

4 – 2 + 4 – 2 + 4 – 2
2 6 4 8 6

20 – 2 – 2 – 2 – 2 – 2
18 16 14 12 10

= 28	18
= 4	5
= 10	✓
= 9	0

3 + 3 + 3 + 3 + 3 + 3
6 9 12 15 18

10 – 1 – 1 – 1 – 1 – 1
9 8 7 6 5

5 + 5 + 5 + 5 – 5 – 5
10 15 20 15 10

6 + 3 – 9 + 6 + 3 – 9
9 0 6 9 0

AUFGABEN ERFINDEN

Seite 56

1. Wer sagt denn, dass immer nur wir die Aufgaben vorgeben dürfen? Jetzt bist DU dran! Erfinde Rechnungen passend zu den Ergebnissen.

Kira Künstlerin, die Kreative in der Lamaherde

11: 19 – 8 = 5 + 6 = 15 – 4 = 10 + 1 =

13: 7 + 6 = 20 – 7 = 17 – 4 = 9 + 4 =

9: 19 – 10 = 5 + 4 = 6 + 3 = 12 – 3 =

Dies sind nur einige Möglichkeiten!

16: 20 – 4 = 10 + 6 = 14 + 2 = 19 – 3 =

15: 20 – 5 = 5 + 10 = 17 – 2 = 8 + 7 =

7: 3 + 4 = 5 + 2 = 10 – 3 = 8 – 1 =

2. Ergänze die Rechenaufgaben passend zu den Bildern.

Was hast du dir ausgedacht?

1. 
1 + 1 = 2

2. 
6 – 1 = 5

3.
_ + _ = ☐

4.
_ – _ = ☐

RANZEN PACKEN — Seite 57

Die Lamas können nicht so gut Ranzen packen. Vor allem eine Sache vergessen sie dauernd. Rechne und finde heraus was.

1. Löse alle Aufgaben. Beginne mit der linken Spalte.

17+2=	19 → W	20 → S
16−7=	9 → A	8 → I
5+9=	15 → L	14 → S
12+5=	7 → U	17 → S
9+11=	20 → E	19 → F
18−10=	8 → R	10 → U

20−5=	5 → A	15 → F
15−8=	7 → L	8 → C
9−5=	14 → H	4 → A
6+5=	11 → S	9 → I
9+9=	16 → H	18 → C
19−14=	5 → H	6 → P
20−13=	7 → E	17 → P

2. Das passende Ergebnis verrät dir den richtigen Buchstaben.

3. Lösungswort

W A S S E R - F L A S C H E

Seite 58 — PROFESSOR PROTZI PRÜFT

Rechne und verdiene dir einen Ehrenköttel. Du schaffst das!

meine erreichten Punkte

1.

10 + 3 = 13	12 − 4 = 8	4 + 3 = 7	3 + 3 = 6
11 + 3 = 14	12 − 5 = 7	5 + 4 = 9	5 + 5 = 10
12 + 3 = 15	12 − 6 = 6	6 + 5 = 11	7 + 7 = 14

von 19

2.

Zahl	2	5	6	4	8	7	10
Das Doppelte	4	10	12	8	16	14	20

von 7

3.

+	6	5
3	9	8
13	19	18

−	3	4
5	2	1
15	12	11

+	4	2
6	10	8
16	20	18

−	3	1
13	10	12
17	14	16

von 16

4.

11
6 5
4 2 3

19
12 7
8 4 3

20
5 15
3 2 13

von 9

5.

4 + 3 + 5 = 12	12 + 2 + 3 = 17	8 + 9 + 2 = 19
8 + 2 + 3 = 13	10 + 4 + 6 = 20	5 + 4 + 3 = 12

von 6

6. Quizfrage: Welcher Apfel schmeckt fürchterlich?
Der Pferdeapfel!

von 1

Vergleiche mit deinen Ergebnissen und zähle deine Punkte zusammen.

32–40 Punkte | 41–49 Punkte | 50–58 Punkte

NACHTISCH — Seite 59

Was wünschen sich die Lamas zum Nachtisch? Folge den Linien, sammle die Buchstaben und finde es heraus!

JULIAN	FRANZL	MALIN	PRINCESS
MARZIPAN	LOLLI	ERDBEEREN	BONBON

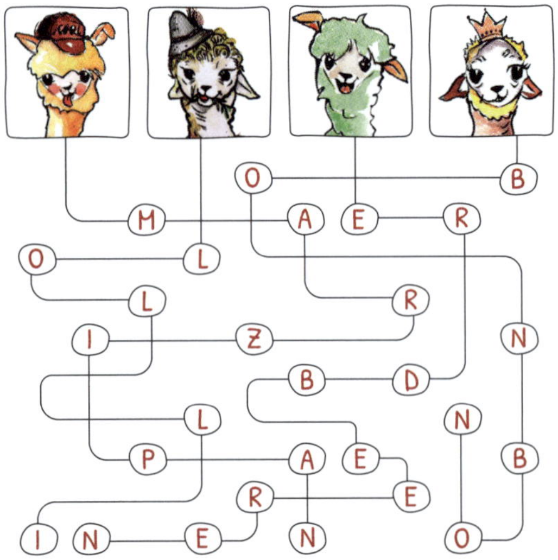

Seite 60 — SOMMER-KNOBELEI

Findest du heraus, welche Zahlen du einsetzen musst, damit die Gleichungen stimmen?

Tipp: Trage die Zahlen, die du herausfindest, direkt ein.

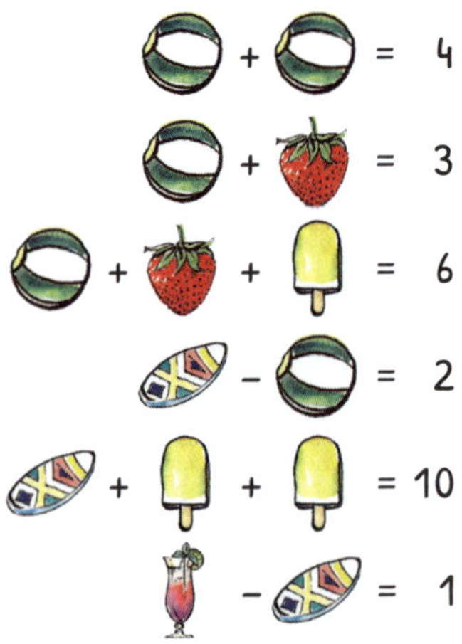

GELD ZÄHLEN | Seite 61

Ein Apfel kostet 20 Cent.
Welches Lama kann sich einen Apfel kaufen?
Male an.

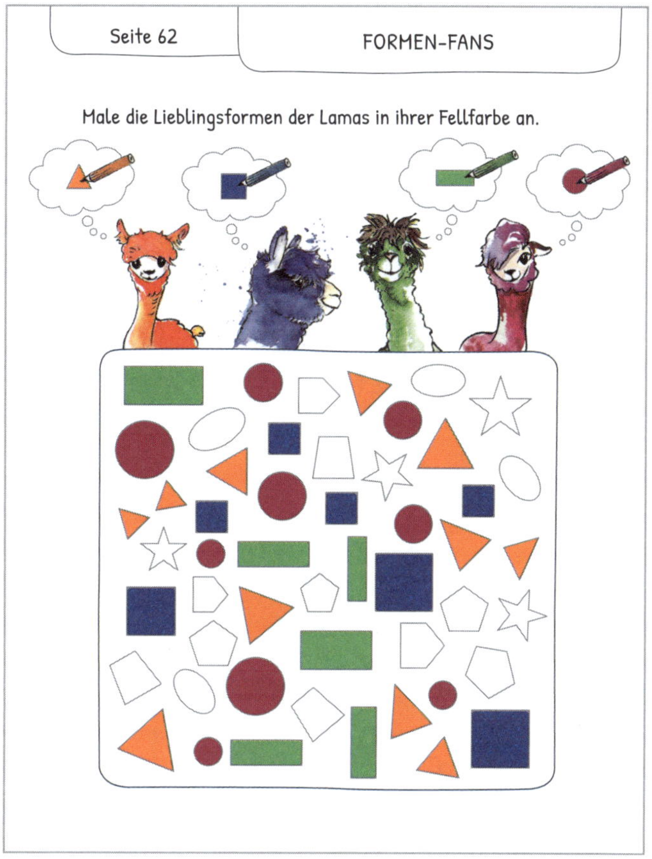
Seite 62 | FORMEN-FANS

Male die Lieblingsformen der Lamas in ihrer Fellfarbe an.

DIE LAMAHERDE

Mia Mathe
ist nie ohne Sonnenbrille unterwegs
und kennt coole Rechentricks.

COOLLAMA
ist der Chef der Truppe!

Gaudi
ist das Spaß-Lama und
zuständig für lustige Projekte.

Bo Body
ist der Fitnesstrainer aus der Lamahölle.

Yogi-Lama
sorgt für eure Entspannung
und Reflektion.

Bro
ist der Chaot
der Lamaherde.

Professor Protzi
weiß immer alles besser und
stellt euch auf die Probe.

Ina Investa
kennt sich super
mit Geld aus!

Kira Künstlerin
fördert eure
Kreativität.